FORSCHUNGSBERICHTE
DES WIRTSCHAFTS- UND VERKEHRSMINISTERIUMS
NORDRHEIN-WESTFALEN

Herausgegeben von Staatssekretär Prof. Leo Brandt

Nr. 116

Prof. Dr.-Ing. E. Siebel
Dr.-Ing. H. Weiss

Untersuchungen an einigen Problemen des Tiefziehens
I. Teil

im Auftrage der
Forschungsgesellschaft Blechverarbeitung, Düsseldorf

SPRINGER FACHMEDIEN WIESBADEN GMBH

ISBN 978-3-663-19388-3   ISBN 978-3-663-19526-9 (eBook)
DOI 10.1007/978-3-663-19526-9

Forschungsberichte des Wirtschafts- und Verkehrsministeriums Nordrhein-Westfalen

G l i e d e r u n g

1. Die Reibungsverhältnisse beim Tiefziehen . . . . S. 5
2. Über die Faltenbildung beim Tiefziehen . . . . S. 19
3. Untersuchung über den Einfluß der Ziehspaltweite auf den Formänderungsverlauf und die Eigenspannungen beim Tiefziehen . . . . S. 29
4. Untersuchungen über das Abstrecken . . . . S. 41
5. Literaturverzeichnis . . . . S. 6o

Forschungsberichte des Wirtschafts- und Verkehrsministeriums Nordrhein-Westfalen

1. Die Reibungsverhältnisse beim Tiefziehen

a) **Theoretische Zusammenhänge**

Die beim Tiefziehen auftretenden Kraftwirkungen werden in starkem Maße durch die Reibungsverhältnisse beeinflußt. Beim Ziehen im Anschlag werden durch den Niederhalterdruck P_H sowie durch die Kraftumlenkung an der Ziehkante Reibungskräfte erzeugt, die sich bei gegebenem Reibungskoeffizienten μ wie folgt berechnen lassen.

1) Reibungskraft herrührend vom Niederhalterdruck + Kraftumlenkung an der Ziehkante

$$(1) \quad P_{RH} = e^{\mu \pi/2} \cdot 2\mu \cdot P_H(d_o/D^*) = e^{\mu \pi/2} \cdot 2\mu \cdot p_H(d_o/D^*) \cdot \frac{\pi}{4} d_o^{\,2} (\beta^2 - 1)$$

2) Reibungskraft herrührend von der Umlenkung der für die Formänderung erforderlichen Kraftwirkung P_V

$$(2) \quad P_{RV} = (e^{\mu \pi/2} - 1) P_V$$

Die Verformungskraft P_V selbst ergibt sich zu

$$(3) \quad P_V = 1{,}1 \cdot k_{f_{m_1}} \cdot \ln(D^*/d_o) \cdot \pi \cdot d_o s_o$$

Hierzu tritt noch eine Kraftwirkung P_{Bieg}, die der Biegeformänderung an der Ziehkante entspricht

$$(4) \quad P_{Bieg} = k_{f_{m_2}} \cdot (s_o/2r_M) \cdot \pi \cdot d_o s_o$$

Die maximale Ziehkraft läßt sich als Summe dieser 4 Kraftwirkungen berechnen zu

$$(5) \quad P = P_V + P_{Bieg} + P_{RH} + P_{RV}$$

Die Auswirkungen der Reibungsverhältnisse beim Tiefziehen lassen sich am besten erkennen, indem man die verschiedenen Kraftanteile an Hand von Beispielen ermittelt. Zur Vereinfachung der Rechnung ist dabei die mittlere Formänderungsfestigkeit $k_{f_{m1}} = k_{f_{m2}} = \sigma_B$ also gleich der Zugfestigkeit des Werkstoffs vor dem Zuge gesetzt. Das Durchmesserverhältnis D^*/d_o vom Außendurchmesser der Ronde D^* bei Erreichen der Höchstlast zum Stempeldurchmesser d_o beträgt in allen Fällen 1,6, das Durchmesserverhältnis $D_o/d_o = \beta$ zu Beginn des Zuges 2,0, der Reibungsbeiwert $\mu = 0,1$ und der spezifische Niederhalterdruck $p_H = 0,01 \cdot \sigma_B$. Verändert sei nur das Wanddickenverhältnis s_o/d_o und zwar betrage dies

bei Beispiel I $s/d_o = 0,0333$ entsprechend dem Ziehen eines Napfs von 30 mm Dmr. aus Blech von $s = 1$ mm

bei Beispiel II $s/d_o = 0,0067$ entsprechend dem Ziehen eines Napfs von 300 mm Dmr. aus Blech von $s = 2$ mm

bei Beispiel III $s/d_o = 0,00167$ entsprechend dem Ziehen eines Napfs von 300 mm Dmr. aus Blech von $s = 0,5$ mm

Beispiel I entspricht dabei den Verhältnissen bei der Prüfung der Tiefziehfähigkeit im Näpfchenprüfverfahren, Beispiel II und III aber den praktischen Verhältnissen beim Ziehen von Gefäßen, bei denen das Wanddickenverhältnis etwa zwischen 0,010 und 0,002 als obere und untere Grenze schwankt. Die auf den Querschnitt $F_o = \pi \cdot d_o \cdot s_o$ der Gefäßwand bezogenen Kraftwirkungen ergeben sich alsdann gemäß Tabelle 1.

Wie die Gegenüberstellung erkennen läßt, ist der Anteil der vom Niederhalterdruck P_H herrührenden Reibungskraft an der gesamten Ziehkraft beim Näpfchenprüfverfahren ($s_o/d_o = 0,0333$) nur 4 %. Eine Veränderung des Niederhalterdrucks oder der Schmierverhältnisse unter dem Niederhalter wird daher die Ziehkraft und damit das mögliche Grenzziehverhältnis nur wenig beeinflussen. Bei den Wanddickenverhältnissen, wie sie beim praktischen Tiefziehen vorliegen, also bei $s_o/d_o < 0,0100$ wirkt sich die Reibungskraft in stärkerem Maße aus, da hier nur ein entsprechend verminderter Querschnitt $F_o = \pi d_o s_o$ zur Aufnahme der Reibungskräfte zur Verfügung steht. Zudem muß der Niederhalterdruck bei kleinen Wanddickenverhältnissen meist erhöht werden, um eine Faltenbildung zu unterdrücken. Bei $s_o/d_o = 0,0067$ steigt der vom Niederhalterdruck herrührende Anteil der Reibungskraft an der Gesamtkraft, wenn $\mu = 0,1$ gesetzt wird, auf 17 % und der

Anteil der gesamten Reibungskräfte auf 25 %. Bei $s_o/d_o = 0{,}00167$ erreichen die Reibungskräfte sogar 5o bzw. 56 % der Gesamtkraft. Die Ziehspannung steigt dabei, trotzdem das Ziehverhältnis β unverändert bleibt, auf den 1,29fachen Betrag der Zugfestigkeit an der Stempelkante, so daß mit einem Abreißen des Bodens zu rechnen ist.

b) <u>Auswertung von Ziehversuchen</u>

Die vorstehend geschilderten Beispiele zeigen, daß der Reibungseinfluß beim Tiefziehen von dünnen Blechen von großer Bedeutung sein kann. Es ist daher von Interesse, genauere Unterlagen über die Größe des Reibungsbeiwertes μ unter verschiedenartigen Schmierverhältnissen zu gewinnen. Die ersten nach dieser Richtung zielenden Versuche wurden von M. SOMMER[1] durchgeführt. Er verwendete dabei Ronden mit Keilausschnitten gemäß Abbildung 1. Die zur Verformung der Ronde zum Napf erforderliche Kraftwirkung P_V erhält auf die Weise den Wert 0, und die Ziehkraft läßt sich alsdann in einfacher Weise berechnen zu

(6) $$P = e^{\mu \pi /2} \cdot 2\mu \cdot P_H + P_{Bieg}$$

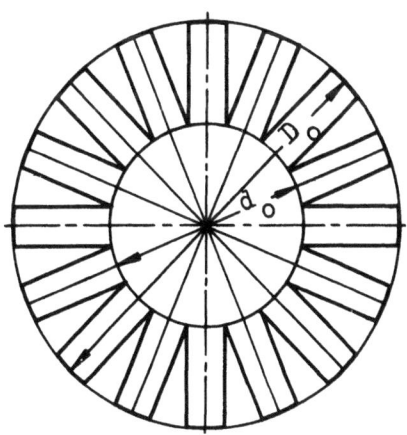

A b b i l d u n g   1
Ronde mit Keilausschnitten
(nach SOMMER)

Trägt man die für verschiedene Blechdicken ermittelten Ziehkräfte in Abhängigkeit von der Blechdicke auf, so vermag man auf den Wert s = 0 zu extrapolieren, bei welchem die Biegearbeit verschwindet und die Ziehkraft P gleich der Reibungskraft P_R wird

Forschungsberichte des Wirtschafts- und Verkehrsministeriums Nordrhein-Westfalen

(6a) $$P_s = 0 = P_R = e^{\mu\pi/2} \cdot 2\mu \cdot P_H$$

Hieraus ergibt sich mit guter Näherung der Reibungswert μ zu

(7) $$\mu \approx \frac{1}{\pi}\left(\sqrt{1 + \pi P_R/P_H} - 1\right)$$

T a b e l l e 1
Kräfte bei verschiedenen Wanddickenverhältnissen

Wanddickenverhältnis s_o/d_o	0,0333	0,0067	0,00167	Bem.
Verformungskraft $\sigma_V = P_V/F_o$	$0,51 \cdot \sigma_B$	$0,51 \cdot \sigma_B$	$0,51 \cdot \sigma_B$	für p_H = $0,01 \cdot \sigma_B$
Reibungskraft $\sigma_{RH} = P_{RH}/F_o$	$0,03 \cdot \sigma_B$	$0,16 \cdot \sigma_B$	$0,65 \cdot \sigma_B$	
Reibungskraft $\sigma_{RV} = P_{RV}/F_o$	$0,08 \cdot \sigma_B$	$0,08 \cdot \sigma_B$	$0,08 \cdot \sigma_B$	
Biegungskraft $\sigma_{Bieg} = P_B/F_o$	$0,10 \cdot \sigma_B$	$0,20 \cdot \sigma_B$	$0,05 \cdot \sigma_B$	für r_M = 5 mm
Gesamtkraft $\sigma = P/F_o$	$0,72 \cdot \sigma_B$	$0,95 \cdot \sigma_B$	$1,29 \cdot \sigma_B$	
Anteil der Reibungskräfte σ_{RH}/σ	4 %	17 %	50 %	alle Werte gelten für $\mu = 0,1$
σ_{RV}/σ	11 %	8 %	6 %	
σ_R/σ	15 %	25 %	56 %	

In Abbildung 2 sind die von SOMMER ermittelten Reibungsbeiwerte für Kupfer-, Messing- und Aluminiumbleche bei Schmierung mit Maschinenöl in Abhängigkeit von der Flächenpressung dargestellt. Der Reibungsbeiwert steigt hiernach mit der Flächenpressung stetig von $\mu = 0,12$ auf $\mu = 0,17$ bei Kupfer und Messing bzw. auf $\mu = 0,20$ bei Aluminium an.

Es bereitet auch keine Schwierigkeit, den Reibungsbeiwert aus normalen Ziehversuchen zu bestimmen, wenn die Gesamtkraft P in Abhängigkeit von P_H durch den Versuch ermittelt ist.

Gleichung 5 läßt sich unter Berücksichtigung von (1) in die Form bringen

(5a) $$P = P_V + P_{Bieg} + P_{RV} + e^{\mu\pi/2} 2\mu \cdot P_H(d_o/D^*)$$

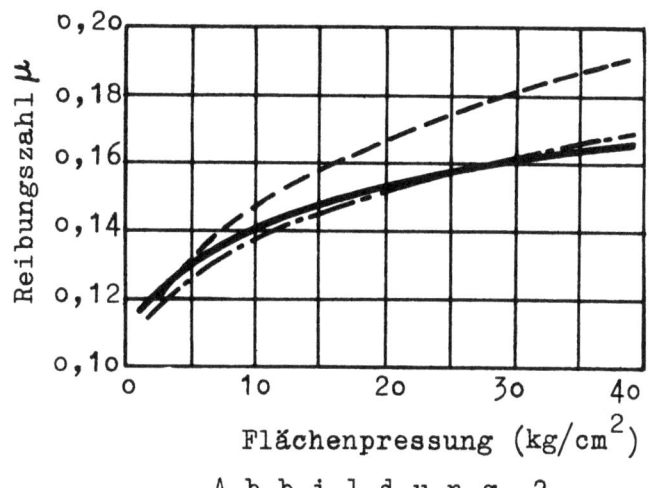

A b b i l d u n g   2

Reibungszahl beim Tiefziehen in Abhängigkeit von der
Flächenpressung bei Schmierung mit Maschinenöl

——— Kupfer

—·— Messing

- - - Aluminium

(nach SOMMER)

Da die Größen P_V, P_{Bieg} und P_{RV} durch die Halterkraft P_H nicht beeinflußt werden, ergibt sich der Differentialquotient

$$(8) \qquad \frac{dP}{dH} = e^{\mu \pi/2} \, 2\mu \, (d_o/D^*)$$

und der Reibungsbeiwert zu

$$(9) \qquad \mu \approx \frac{1}{\pi} \left(\sqrt{1 + \pi \frac{dP}{dP_H} \frac{d_o}{D^*}} - 1 \right)$$

Eine Auswertung der Versuche von SOMMER nach diesem Verfahren ergibt für Messing, Kupfer und Aluminium bei Schmierung mit Maschinenöl $\mu = 0{,}12$. Von G. SACHS[2] wurde nach der gleichen Auswertungsmethode für Messing $\mu = 0{,}11$ und für Kupfer $\mu = 0{,}12$ ermittelt.

c) <u>Versuche bei gleitender Reibung</u>

Die vorstehend geschilderten Versuche geben einen ersten Anhalt über die beim Tiefziehen auftretenden Reibungsbeiwerte. Es erschien jedoch erwünscht, weitere Unterlagen zu gewinnen, und insbesondere über den Einfluß der verschiedenen Schmiermittel, den Einfluß der Oberflächenbeschaffenheit der Bleche und über den Einfluß der Ziehgeschwindigkeit Aufschluß zu erhalten. Zu diesem Zweck wurden Gleitversuche bei Raumtemperatur (2o bis 22°C) auf einer Verschleißprüfmaschine nach Siebel-Kehl durchgeführt, welche eine Veränderung der Gleitgeschwindigkeit in den Grenzen von o,1 m/s bis 1,5 m/s gestattet (Abb. 3). Die umlaufende obere Ringprobe mit einer Gleitfläche von 1 bzw. 2,5 cm^2 bestand aus gehärtetem Werkzeugstahl mit einer Rockwellhärte $H_c \approx 62$ und wurde vor jedem Versuch von Hand sauber geläppt. Als untere feststehende Probe dienten Ronden von 5o mm Dmr. und 1 mm Dicke aus dem zu untersuchenden Blech, auf das vor dem Versuch das Schmiermittel aufgebracht wurde. Das durch die Reibungskraft auf die untere Probe übertragene Drehmoment konnte mittels einer geeichten Kegelfeder gemessen und so der Reibungsbeiwert bestimmt werden.

A b b i l d u n g   3
Verschleißprüfmaschine nach Siebel-Kehl

Zunächst wurde der Reibungsbeiwert von Stahlblech St VIII 23, St VII 23 und St III 23 sowie von Messingblech Ms 63 bei einer Gleitgeschwindigkeit v = o,1 m/s untersucht. Das Ergebnis dieser Versuche ist in Abbildung 4

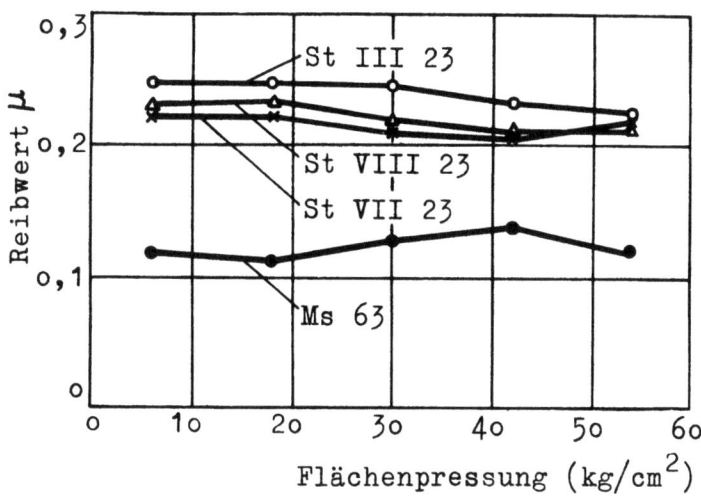

Abbildung 4
Reibwerte aus Gleitversuchen ohne Schmierung
Einfluß der Flächenpressung und des Werkstoffs
Gleitkörper: Kugellagerstahl, gehärtet und geläppt

$$F = 2,5 \text{ cm}^2$$

Gleitgeschwindigkeit: v = 0,1 m/s

in Abhängigkeit von der Flächenpressung an den Gleitflächen dargestellt. Ein nennenswerter Einfluß der Flächenpressung ist nicht zu erkennen. Der Reibungsbeiwert ergab sich für die Tiefziehbleche St VIII und St VII 23 zu 0,21 bis 0,23, während das ungebeizte Blech St III 23 entsprechend seiner schlechteren Oberflächenbeschaffenheit einen etwas höheren Reibungsbeiwert μ = 0,23 bis 0,25 aufwies. Demgegenüber wurde beim Messingblech nur ein Reibungsbeiwert μ = 0,12 bis 0,14 gefunden, was mit älteren Versuchen von G. SACHS in Einklang steht. Bei den geringen Gleitgeschwindigkeiten konnte Fressen in allen Fällen vermieden werden. Es handelt sich in vorliegendem Falle um Grenz- oder Epilamen-Reibung, bei der sich zwischen den beiden Proben eine dünne Schicht von Schmierstoffmolekülen befindet, die bei der vorausgegangenen Reinigung der Ronden mit Alkohol haften geblieben sind.

Anschließend wurde die Wirkung verschiedener Schmiermittel bei Ronden aus St VIII 23 geprüft. Diese Tiefziehqualität wurde mit sauber geglätteter Oberfläche angeliefert. Die in Abbildung 5 dargestellten Versuchsergebnisse lassen erkennen, daß der Reibungskoeffizient hier je nach dem verwendeten Schmiermittel zwischen 0,01 und 0,04 liegt. Man befindet sich hier somit im Gebiet der sog. Mischreibung, bei der Epilamenreibung und

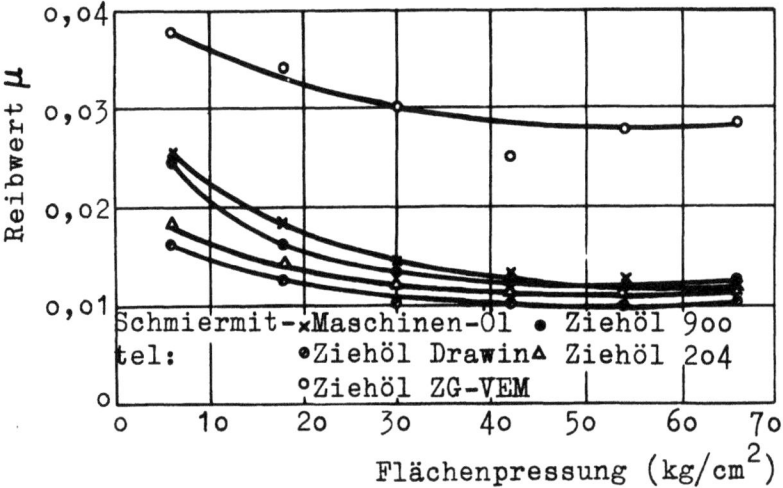

Abbildung 5

Reibwerte aus Gleitversuchen mit St VIII 23

Einfluß der Flächenpressung und des Schmiermittels

Gleitkörper: Kugellagerstahl, gehärtet und geläppt

$$F = 2,5 \text{ cm}^2$$

Gleitgeschwindigkeit: $v = 0,1$ m/s

hydrodynamische Reibungsvorgänge nebeneinander auftreten. Die Arbeit der hydrodynamischen Reibung wirkt sich dabei nach der Richtung aus, daß der Reibungsbeiwert mit steigender Flächenpressung absinkt. Anschließend wurde der Einfluß der Gleitgeschwindigkeit bei der Schmierung mit Maschinenöl und verschieden hoher Flächenpressung untersucht. Dabei zeigte es sich, daß der Reibungsbeiwert bei der vorliegenden Werkstoffkombination mit der Gleitgeschwindigkeit ansteigt (Abb. 6).

Bei gleichartigen Versuchen mit St VII 23 machte sich die schlechtere Oberflächenbeschaffenheit des Bleches deutlich bemerkbar. Bei der vergleichenden Untersuchung verschiedener Schmiermittel bei einer Gleitgeschwindigkeit von 0,1 m/s ergeben sich gemäß Abbildung 7 Reibungsbeiwerte von 0,07 bis 0,10. Die Steigerung der Reibungsbeiwerte gegenüber dem Stahlblech St VIII 23 ist zu einem kleinen Teil darauf zurückzuführen, daß die tragende Fläche der Ringprobe hier etwas kleiner gewählt wurde, als bei den vorhergehenden Versuchen. Den Hauptanteil daran hat jedoch die Verschlechterung der Reibungsverhältnisse infolge der größeren Rauhigkeit der Blechoberfläche. Der horizontale Verlauf der Versuchskurven weist darauf hin, daß der Anteil der hydrodynamischen Reibung hier nur noch gering ist. Diese Verhältnisse ändern sich jedoch, wenn die Gleit-

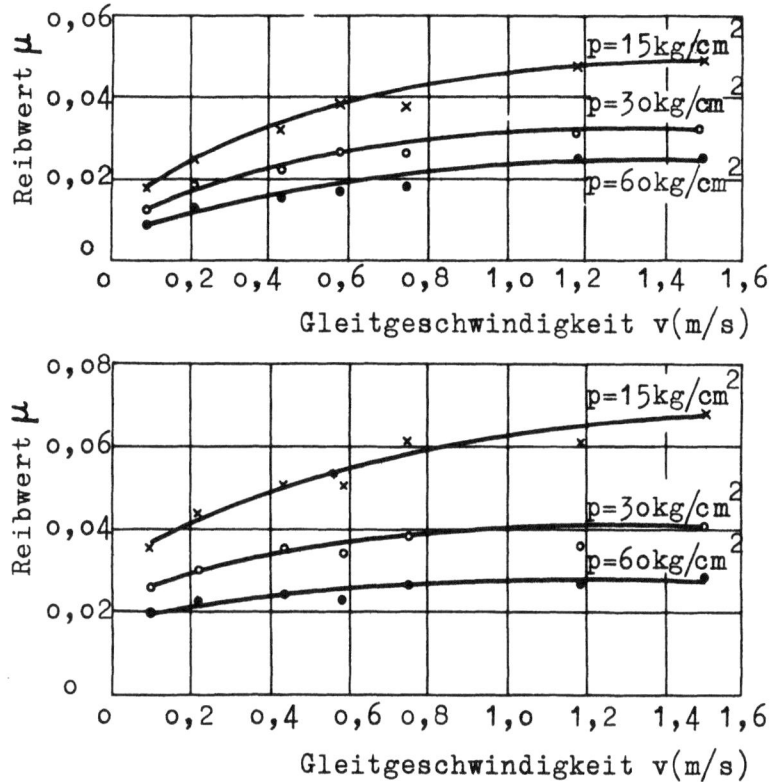

Abbildung 6

Reibwerte aus Gleitversuchen mit St VIII 23
bei Schmierung mit Maschinenöl
Einfluß der Flächenpressung und der Gleitgeschwindigkeit
Gleitkörper: Kugellagerstahl, gehärtet und geläppt

oben: $F = 2,5$ cm^2

unten: $F = 1,0$ cm^2

geschwindigkeit vergrößert wird. Abbildung 8, welche den Einfluß der Gleitgeschwindigkeit für verschiedene Flächenpressungen auf den Reibungsbeiwert zeigt, läßt erkennen, daß bei einer Gleitgeschwindigkeit $v > 0,4$ m/s der Reibungsbeiwert mit zunehmender Flächenpressung deutlich abnimmt, während bei $v = 0,2$ m/s der Reibungsbeiwert mit der Flächenpressung, wenn auch nur in geringem Maße, ansteigt. Im ersteren Falle überwiegt somit die hydrodynamische Reibung, im zweiten Falle aber die Epilamenreibung.

Wird die Oberfläche noch mehr verschlechtert, wie dies bei dem ungebeizten Falzblech St III 23 der Fall ist, so tritt der Anstieg des Reibungsbeiwertes mit der Flächenpressung noch deutlicher hervor (Abb. 9). Umgekehrt zeigt Messingblech, wenn eine genügende Schmierung vorhanden ist,

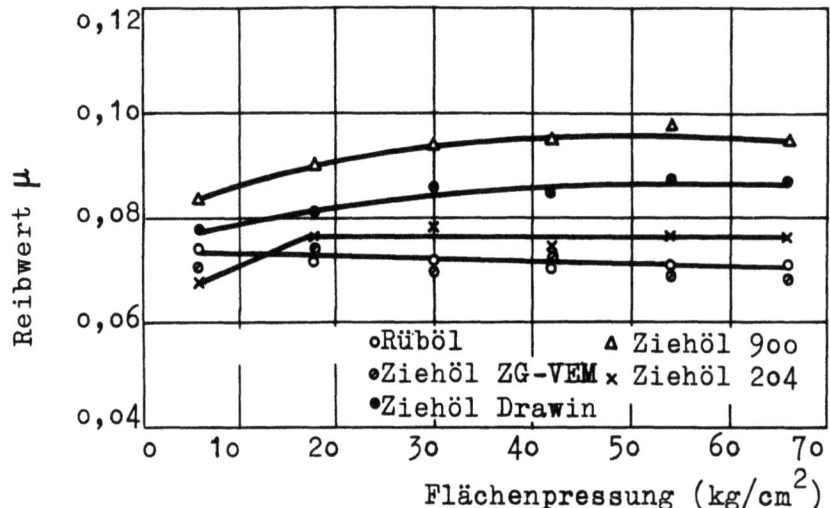

Abbildung 7

Reibwerte bei Gleitversuchen mit St VII 23

Einfluß der Flächenpressung und des Schmiermittels

Gleitkörper: Kugellagerstahl, gehärtet und geläppt

$F = 2,5$ cm^2 Gleitgeschwindigkeit: $v = 0,1$ m/s

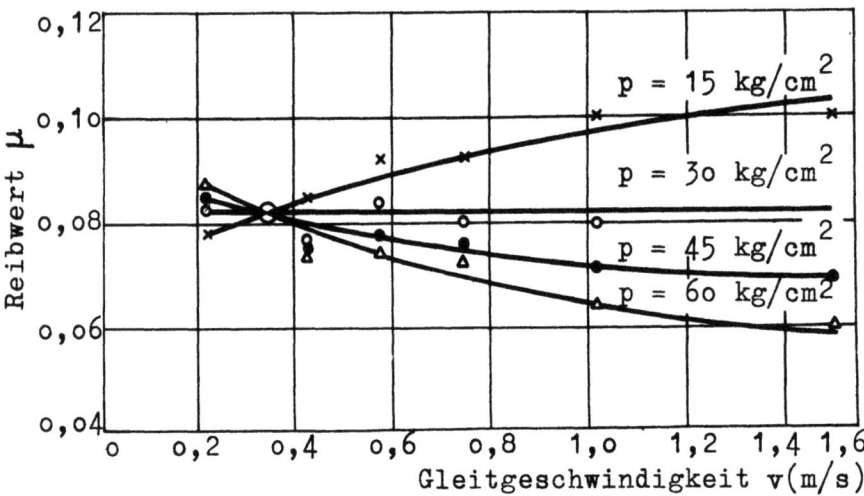

Abbildung 8

Reibwerte aus Gleitversuchen mit St VII 23

bei Schmierung mit Maschinenöl

Einfluß der Flächenpressung und der Gleitgeschwindigkeit

Gleitkörper: Kugellagerstahl, gehärtet und geläppt

$F = 1,0$ cm^2

gemäß Abbildung 1o den umgekehrten Verlauf. Das Blech wurde mit spiegelnder Oberfläche angeliefert, so daß hier weitgehend die Vorbedingung zur

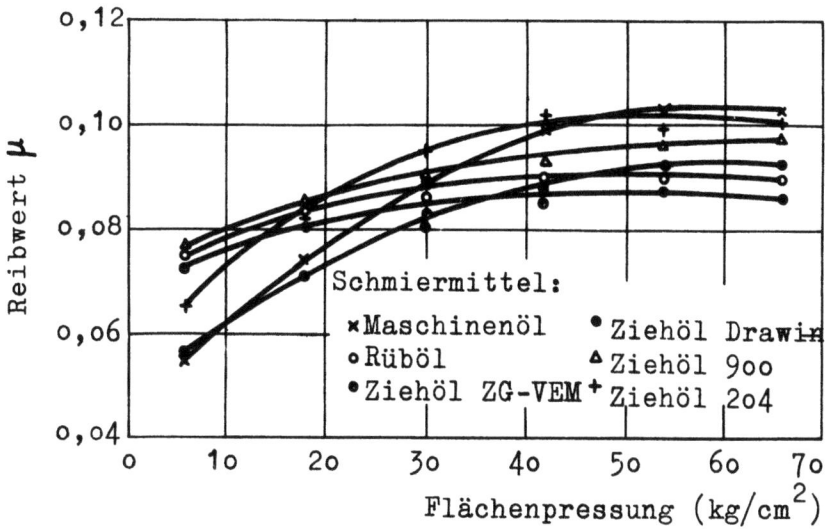

Abbildung 9
Reibwerte aus Gleitversuchen mit St III 23
Einfluß der Flächenpressung und des Schmiermittels
Gleitkörper: Kugellagerstahl, gehärtet und geläppt
$F = 2,5$ cm^2 Gleitgeschwindigkeit: $v = 0,1$ m/s

Ausbildung einer weitgehend hydrodynamischen Schmierung erfüllt war. Der Reibungskoeffizient sinkt entsprechend auf Beträge von $\mu = 0,01$ bis $0,02$ ab. Wird nicht genügend Schmiermittel aufgebracht, so steigt der Reibungsbeiwert auf $\mu = 0,12$. Die Abhängigkeit von der Flächenpressung geht dann verloren. Ähnliche Reibungsverhältnisse wie beim Messingblech herrschen beim Aluminiumblech, das ebenfalls mit spiegelnder Oberfläche angeliefert wurde. Hier sinken die Reibungsbeiwerte, wie Abbildung 11 zeigt, bei Verwendung von geeigneten Ziehölen noch unter $\mu = 0,01$. Der für die hydromatische Schmierung kennzeichnende Abfall des Reibungsbeiwertes mit steigender Flächenpressung tritt deutlich in Erscheinung.

Die auf der Verschleißmaschine ermittelten Reibungsbeiwerte liegen im allgemeinen unter den Werten, die bisher bei Ziehversuchen ermittelt wurden. Es dürfte dies darauf zurückzuführen sein, daß im allgemeinen die Vorbedingungen für die Ausbildung eines geschlossenen Schmierfilms beim Tiefziehen nicht besonders günstig sind. An der Ziehkante ist die Berührungslänge zwischen Ziehring und Werkstück verhältnismäßig kurz und unter dem Niederhalter führt die am Außenrand auftretende Anstauchung dazu, daß der Niederhalter nicht gleichmäßig trägt. Die auf der Verschleißmaschine ermittelten Zahlen lassen aber erkennen, daß eine ganz wesentliche

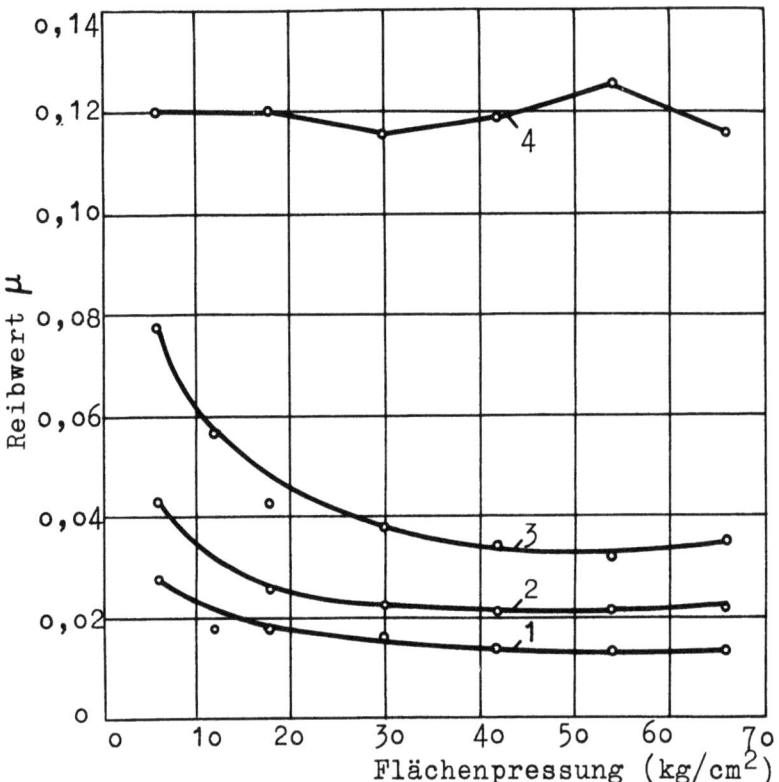

Abbildung 1o

Reibwerte aus Gleitversuchen mit Ms 63 bei Schmierung mit Maschinenöl

Einfluß der Schmiermittelmenge

Gleitkörper: Kugellagerstahl, gehärtet und geläppt

$F = 2,5 \text{ cm}^2$

Gleitgeschwindigkeit $v = 0,1$ m/s

Schmiermittelmenge: 1) 16 mg/cm^2 2) 8 mg/cm^2 3) 4 mg/cm^2 4) 1 mg/cm^2

Schichtdicke: 1 mg/cm$^2 \sim$ 0,01 mm

Herabsetzung der Reibungskräfte möglich erscheint, wenn es gelingt, die Schmierverhältnisse zu verbessern.

Im allgemeinen dürfte es bei Verarbeitung der Nichteisenmetalle einfacher sein, günstige Reibungsbeiwerte zu erzielen als bei Stahl. Es dürfte dies ein Grund für das günstige Tiefziehverhalten von Messing und Aluminium sein. Bei Stahl bietet eine geeignete Oberflächenbehandlung z.B. durch Phosphatieren die Möglichkeit, die Schmierung zu verbessern und so die Reibungsbeiwerte herabzusetzen. Es muß weiteren Untersuchungen vorbehalten bleiben, auch über die Auswirkung derartiger Maßnahmen auf die Reibungsverhältnisse zuverlässige Unterlagen zu schaffen.

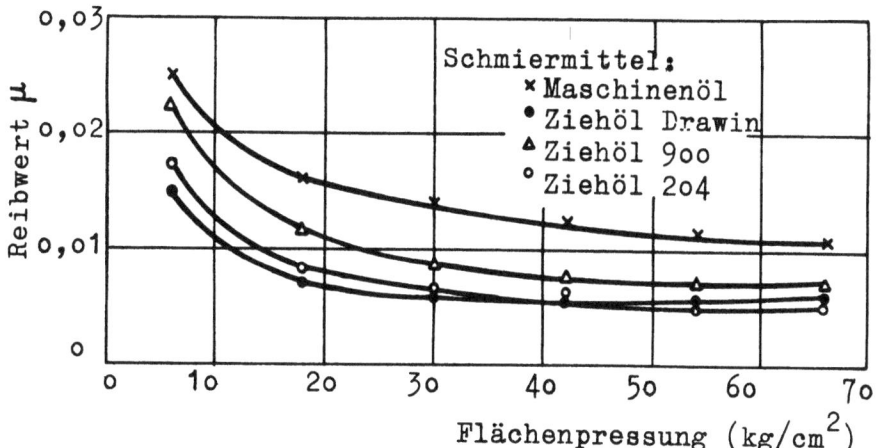

Abbildung 11

Reibwerte aus Gleitversuchen mit Aluminium
Einfluß der Flächenpressung und des Schmiermittels
Gleitkörper: Kugellagerstahl, gehärtet und geläppt
$F = 2,5$ cm^2

d) <u>Zusammenfassung</u>

Die vorstehenden Untersuchungen geben einen groben Anhalt für die Höhe des Reibungsbeiwertes, der beim Gleiten der verschiedenen Werkstoffe auf gehärteten und geläppten Stahlflächen auftritt. Hiernach ist beim Tiefziehen von Stahlblech je nach Oberflächenbeschaffenheit, Schmierung und Ziehgeschwindigkeit mit Reibungsbeiwerten von $\mu = 0,01$ bis $\mu = 0,25$ zu rechnen. Durch die Wahl geeigneter Schmiermittel dürfte es sich stets erreichen lassen, daß der Reibungsbeiwert nicht über $\mu = 0,1$ ansteigt. Bei Messing schwankt der Reibungsbeiwert zwischen $\mu = 0,01$ und $\mu = 0,12$, bei Aluminium werden im günstigsten Falle Reibungsbeiwerte $\mu = 0,01$ beobachtet.

Prof. Dr.-Ing. E. S I E B E L, Stuttgart
Dipl.-Ing. H. M E R T L I K, Heilbronn-Sontheim

2. Über die Faltenbildung beim Tiefziehen

Bekanntlich geht das Tiefziehen im Anschlag gemäß Abbildung 12 so vor sich, daß sich unter der Wirkung der Stempelkraft in dem ringförmigen Teil der Ronde, der über der Ziehkante vorsteht, radiale Zugspannungen und tangentiale Druckspannungen ausbilden. Deren Größe läßt sich aus den Gleichgewichtsbedingungen und aus der Plastizitätsbedingung berechnen, wenn die Fließkurve des Werkstoffs, also der Verlauf der Formänderungsfestigkeit, in Abhängigkeit von der Formänderung bekannt ist. Unter der Wirkung der tangentialen Druckspannungen, die nahe an die Fließgrenze des Werkstoffs heranrücken, sucht der im Einzug begriffene Rondenrand unter entsprechender Faltenbildung auszuknicken. Dies wird durch den Niederhalter verhindert, der hierzu mit einem bestimmten Anpreßdruck p auf die Ronde aufgesetzt wird. Für das praktische Tiefziehen ist es von größtem Interesse, wie groß dieser Anpreßdruck gewählt werden muß, damit das Ausknicken mit Sicherheit verhindert wird.

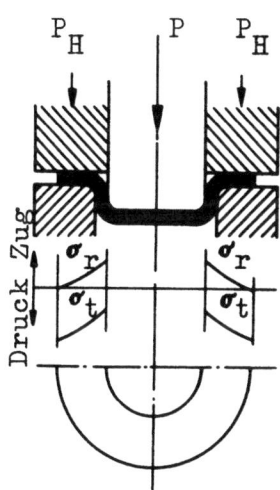

Abbildung 12
Spannungsverteilung beim Tiefziehen

Radialspannung

$$\sigma_r = \int_x^R k_f \cdot \frac{dx}{x} = k_{fm} \cdot \ln \frac{R}{x}$$

Tangentialspannung

$$\sigma_t = \sigma_r - k_f = k_{fm} \cdot \ln \frac{R}{x} - k_f$$

Normalspannung

$$\sigma_n \approx 0$$

Forschungsberichte des Wirtschafts- und Verkehrsministeriums Nordrhein-Westfalen

Solange die Ronde beiderseits zwischen dem Ziehring und dem Niederhalter fest eingespannt ist, wie dies zu Beginn des Ziehvorgangs der Fall ist, vermag kein Ausbeulen einzutreten. Bekanntlich verändert sich aber während des Ziehvorgangs auch die Dicke des in der Umformung begriffenen ringförmigen Rondenteils, und zwar verdickt sich die Ronde am stärksten in der Nähe des Außenrandes, während die Blechdicke in der Nähe der Ziehkante zu Beginn der Verformung sogar etwas abnimmt. Da der Abstand zwischen Niederhalter und Ziehring sich stets entsprechend der größten Blechdicke einstellt, entsteht zwischen dem Blech und dem Niederhalter bzw. dem Ziehring in den weniger verdickten Partien ein Spalt, der die Möglichkeit zum Ausbeulen und zur Einleitung der Faltenbildung bildet.

Für die Größe der Dickenunterschiede, die sich in der Verformungszone ausbilden, gibt Tabelle 2 einen Anhalt, in welcher die Formänderungen errechnet sind, die sich bei verschiedenartigen Ziehverhältnissen $\beta_o = R/r$ bei einer tangentialen Stauchung der an der Ziehkante liegenden Partien (Halbmesserverhältnis $x/r = 1,o$) von 1o % in der Ronde einstellen. Wird dabei die auftretende Dickenänderung zunächst vernachlässigt, so ergibt sich die tangentiale Formänderung an einer beliebigen Stelle der Verformungszone dem Quadrat des Halbmesserverhältnisses x/r umgekehrt proportional. Für den Zusammenhang zwischen der tangentialen Stauchung φ_t und der Dickenänderung $\varphi_n \approx \Delta s/s$ gilt weiterhin nach dem Fließgesetz die Beziehung

$$\varphi_n = \varphi_t \frac{\sigma_m}{\sigma_t - \sigma_m}$$

wobei sich die Tangentialspannung σ_t und die mittlere Spannung σ_m in Abhängigkeit vom Ziehverhältnis R/r und vom Halbmesserverhältnis x/r leicht bestimmen läßt (vgl. Abb. 12). Der Unterschied in der Wanddicke am Außen- und Innenrand der Verformungszone ergibt sich nach Tabelle 2 bei kleinen Formänderungen zu etwa

(1o) $$s_R - s_r \approx o,4 \cdot s_o \cdot \varphi_{t_r} \cdot (\beta - 1)^2$$

wobei mit s_o die Ausgangsdicke der Ronde gekennzeichnet wird. Bei großen Formänderungen ist zu berücksichtigen, daß sich der Wert $\beta = R/r$ während des Ziehvorgangs laufend vermindert. Der Dickenunterschied durchläuft dabei, wenn man ihn gemäß Abbildung 13 in Abhängigkeit von der tangentialen Formänderung φ_{t_r} an der Ziehkante für verschiedene Werte des Aus-

Forschungsberichte des Wirtschafts- und Verkehrsministeriums Nordrhein-Westfalen

Tabelle 2

Spannungen und Formänderungen beim Tiefziehen

Ziehverhältnis R/r	Halbmesserverhältnis x/r	Tangentiale Stauchung φ_{t_x}	bez. Tangentialspannung σ_{t_x}/k_f	bez. Mittelspannung σ_{m_x}/k_f	Formänd. ⊥ zur Oberfläche $\varphi_{n_x} \approx \frac{\Delta s}{s}$	Unterschied $\Delta \varphi_n$
2,5	1,0	− 10 %	− 0,10	+ 0,40	− 8 %	
	1,5	− 4,4 %	− 0,54	+ 0,08	0 %	8,8 %
	2,0	− 2,5 %	− 0,86	− 0,20	+ 0,75 %	
	2,5	− 1,6 %	− 1,1	− 0,37	+ 0,8 %	
2,0	1,0	− 10 %	− 0,34	+ 0,14	− 3 %	
	1,5	− 4,4 %	− 0,78	− 0,15	+ 1,05 %	4,2 %
	2,0	− 2,5 %	− 1,10	− 0,37	+ 1,25 %	
1,5	1,0	− 10 %	− 0,66	− 0,07	+ 1,2 %	
	1,5	− 4,4 %	− 1,1	− 0,37	+ 2,2 %	1 %

gangsverhältnisses $\beta_o = R_o/r$ darstellt, jeweils einen Höchstwert, wobei die Höchstwerte in guter Näherung der Beziehung entsprechen

$$(11) \qquad (s_R - s_r)_{max} \approx 0{,}07 \cdot s \cdot (\beta_o - 1)^3 = 2\, f_{max}$$

Der Wanddickenunterschied $(s_R - s_r)$ und damit die Spaltweite $2 \cdot f$, die sich in der Nähe der Ziehkante höchstens einzustellen vermag, erreicht hiernach bei einem Ziehverhältnis $\beta_o = 2$, wie es dem normalen Tiefziehen im Anschlag entspricht, etwa 7 % der ursprünglichen Blechdicke.

Wie wirkt sich nun eine derartiger Spalt auf die Faltenbildung beim Tiefziehen aus? Man vermag den wirklichen Verhältnissen nahezukommen, wenn man sich darauf beschränkt, den Beulvorgang an der Abwicklung des überstehenden Randes der Ronde zu untersuchen. Man erhält alsdann einen

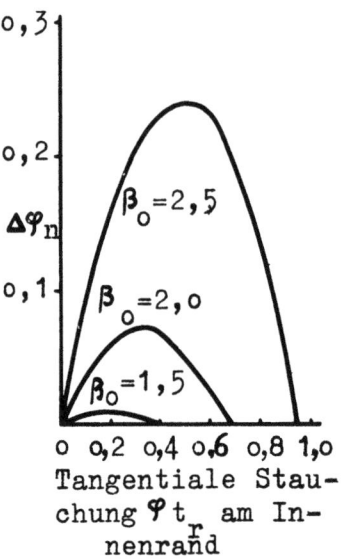

Abbildung 13

Dickenunterschiede am Außen- und Innenrand

Streifen von der Dicke s und der Breite b, der in der Längsrichtung durch eine Druckspannung σ_l beansprucht ist, die der Tangentialspannung σ_t in der Ronde entspricht. Die Spannung σ_t ist am Außenrand der Ronde gemäß Abbildung 12 gleich der Formänderungsfestigkeit des Werkstoffs k_f. Am Innenrand vermindert sie sich um den Betrag der Radialspannung σ_r. Für die folgende Betrachtung wird zur Vereinfachung die Längsdruckspannung des Streifens über der ganzen Breite gleich k_f gesetzt.

Der betrachtete Streifen sei beiderseits durch ebene Begrenzungswände am Ausknicken verhindert, die im Abstand 2f + s voneinander angebracht sind, und die in ihrer Wirkung der Lagerung des Rondenrandes zwischen der Ziehmatrize und dem Niederhalter entsprechen. Unter dem Einfluß der Längsspannung wird sich der Blechstreifen gemäß Abbildung 14 abwechselnd rechts und links an die seitlichen Begrenzungsflächen anlegen, wobei er sich entsprechend verbiegt, so daß sein Verlauf nunmehr etwa einer Sinuslinie mit der Wellenlänge l entspricht. An den Stellen, an denen der Streifen sich an die Begrenzungswände anlegt, übt er auf diese eine Druckkraft P aus. Denkt man sich diese Druckkraft gleichmäßig über die Fläche l · b verteilt, so ergibt sich die Flächenpressung $p = \dfrac{P}{l \cdot b}$. Die gleiche Flächenpressung muß vom Niederhalter ausgeübt werden, wenn ein Fortschreiten des Ausknickens über die Wellenhöhe f hinaus verhindert werden soll.

Die Untersuchung des Gleichgewichts der an einer Halbwelle angreifenden äußeren und inneren Kraftwirkungen und Momente gemäß Abbildung 15 läßt

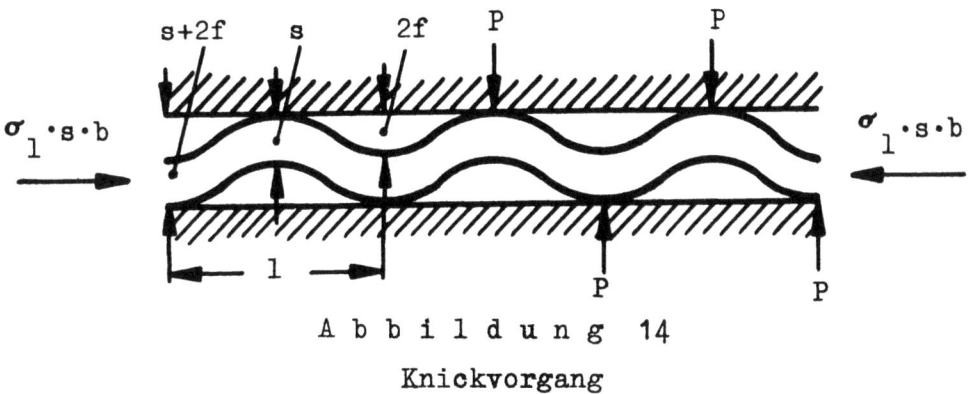

Abbildung 14
Knickvorgang

erkennen, daß die Pressung p an den Begrenzungsflächen der Formänderungsfestigkeit k_f des Werkstoffs bei der betreffenden Formänderung φ sowie der bezogenen Spaltweite bzw. der bezogenen Faltenhöhe f/s proportional ist. Sie steht außerdem in Abhängigkeit von der bezogenen Wellenlänge l/s und von der Neigung der Fließkurve $d\sigma/d\varphi$ bei der entsprechenden Formänderung. Es läßt sich nun zeigen, daß die Pressung an den Begrenzungsflächen bei einer ganz bestimmten bezogenen Wellenlänge l/s einen Höchstwert erreicht, für den die Beziehung gilt

$$(12) \qquad p_{max} = 0,6 \cdot (f/s) \cdot \left(\frac{k_f}{d\sigma/d\varphi}\right) \cdot k_f$$

Die zugehörige bezogene Wellenlänge ergibt sich zu

$$(13) \qquad l/s_{(p = p_{max})} = 2,6 \sqrt{\frac{d\sigma/d\varphi}{k_f}}$$

Wie die Gleichungen erkennen lassen, erweist sich der Höchstwert der Flächenpressung bei der plastischen Stauchung der bezogenen Verfestigung des Werkstoffs $\frac{d\sigma/d\varphi}{k_f}$ umgekehrt proportional, die zugeordnete bezogene Wellenlänge aber der Wurzel der bezogenen Verfestigung proportional. Zunächst ist daher zu untersuchen, wie groß die bezogene Verfestigung bei den verschiedenen Werkstoffen ist. In den Tabellen 3 und 4 ist die absolute und die bezogene Verfestigung für Tiefziehblech und Kupfer in Abhängigkeit von der vorausgegangenen Formänderung φ aus der Fließkurve dieser Werkstoffe ermittelt. Es ist weiterhin die maximale Flächenpressung und die zugehörige Wellenlänge bestimmt.

Wie die Tabellen 3 und 4 erkennen lassen, sinkt die bezogene Verfestigung

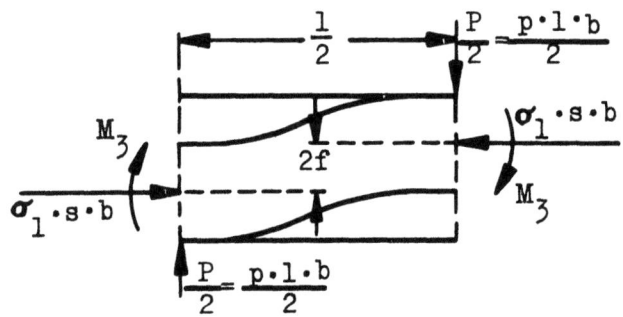

Abbildung 15

Kraftwirkung beim Ausknicken

Moment durch die Längskräfte $M_1 = k_f \cdot s \cdot b \cdot 2f$

Moment durch die Querkräfte $M_2 = -\dfrac{P}{2} \cdot \dfrac{l}{2} = -\dfrac{p \cdot l^2 \cdot b}{4}$

Biegemomente $M_3 = -\sigma_b \cdot w = -\dfrac{\pi^2}{3} \cdot bs^2 \cdot \dfrac{f \cdot s}{l^2} \left(\dfrac{d\sigma}{d\varphi}\right)$

Momentengleichgewicht $M_1 + M_2 + 2M_3 = 0$

mit zunehmender Formänderung stetig ab. Entsprechend wächst die auftretende bezogene Flächenpressung, während die Wellenlänge abnimmt. Bei 1o bis 2o % Formänderung kann bei den meisten Werkstoffen mit einer Flächenpressung

(14) $\qquad p = 0{,}2 \text{ bis } 0{,}3 \cdot (f/s) \cdot k_f$

bei der plastischen Stauchung gerechnet werden.

Tabelle 3

Verfestigung und bezogene Flächenpressung von Weicheisen

Formänderung φ %	Formänderungsfestigkeit $\sigma = k_f$ kg/mm^2	absolute Verfestigung $d\sigma/d\varphi$ kg/mm^2	bezogene Verfestigung $\dfrac{d\sigma/d\varphi}{k_f}$	Höchstwert der bezogenen Flächenpressung $(p/k_f)_{max}$	zugehörige bez. Wellenlänge l/s
5	24	2oo	8,4	0,07 · f/s	7,5
1o	32	1oo	3,1	0,20 · f/s	4,6
15	36	75	2,2	0,27 · f/s	3,8
2o	39	6o	1,5	0,40 · f/s	3,2

Forschungsberichte des Wirtschafts- und Verkehrsministeriums Nordrhein-Westfalen

Tabelle 4

Verfestigung und bezogene Flächenpressung von Kupfer

Formänderung φ %	Formänderungsfestigkeit $\sigma = k_f$ kg/mm^2	absolute Verfestigung $d\sigma/d\varphi$ k_f	bezogene Verfestigung $d\sigma/d\varphi$ k_f	Höchstwert der bezogenen Flächenpressung $(p/k_f)_{max}$	zugehörige bez. Wellenlänge l/s
5	12	140	11,7	0,05 · f/s	9,0
10	18	90	5,0	0,12 · f/s	5,8
15	22	65	3,0	0,20 · f/s	4,5
20	25	50	2,0	0,30 · f/s	3,7

Zur Berechnung des Niederhalterdrucks ist es nunmehr nur noch erforderlich, die bezogene Wellenhöhe f/s gemäß den eingangs gemachten Betrachtungen festzulegen. Der Größtwert der Spaltweite an der Ziehkante ergibt sich nach Gleichung (11) zu $2 f_{max} = 0,07 \; s \cdot (\beta_o - 1)^3$. Im Mittel kann somit mit einer wirksamen Wellenhöhe $f_m \approx 0,01 \; (\beta_o - 1)^3 \cdot s$ gerechnet werden. Führt man diesen Wert in Gleichung (14) ein und ersetzt man k_f für den praktischen Gebrauch durch die Zugfestigkeit σ_B des Werkstoffs in kg/mm^2, so erhält man als Berechnungsformel für den Niederhalterdruck

(15a) $$p = 0,002 \div 0,003 \; (\beta_o - 1)^3 \cdot \sigma_B \; [\text{kg/mm}^2]$$

(15b) bzw. $$p = 0,2 \div 0,3 \; (\beta_o - 1)^3 \cdot \sigma_B \; [\text{kg/mm}^2]$$

Beim Tiefziehen von Messing und Tiefziehblech mit einer Festigkeit $\sigma_B \approx$ 40 kg/mm^2 würde somit ein Niederhalterdruck von 8 bis 12 kg/mm^2 erforderlich sein, was mit der Erfahrung in Einklang steht.

In Gleichung 15 tritt ein Einfluß der Blechdicke auf den Niederhalterdruck nicht in Erscheinung. Wenn bei dünnen Blechen meist ein höherer Niederhalterdruck erforderlich wird, so erscheint dies im Hinblick auf Ungenauigkeiten in der Werkzeuggestaltung verständlich, die sich bei kleinen Blechdicken sehr ungünstig auf den Niederhalterdruck auswirken müssen.

Man vermag den Einfluß von Formabweichungen des Werkzeugs und der Ronde auf den Niederhalterdruck dadurch zu berücksichtigen, daß man bei der Berechnungsformel für die mittlere Spaltweite noch ein von β und s unabhängiges Glied hinzufügt, das dem Stempeldurchmesser d proportional angenommen werden kann. Wird dieses Zusatzglied so gewählt, daß die Spaltweite bei einem Stempeldurchmesser von 200 mm und einer Blechdicke s = 1,0 mm durch die Formabweichungen etwa in gleicher Weise beeinflußt wird, wie durch die Veränderung der Blechdicke während des Ziehvorgangs, so erhält man für den unter Berücksichtigung der Formabweichungen erforderlichen Niederhalterdruck die Beziehung

$$(15c) \qquad p = 0,2 \div 0,3 \left[(\beta_0 - 1)^3 + 0,5 \frac{d}{100\,s} \right] \cdot \sigma_B \; kg/mm^2$$

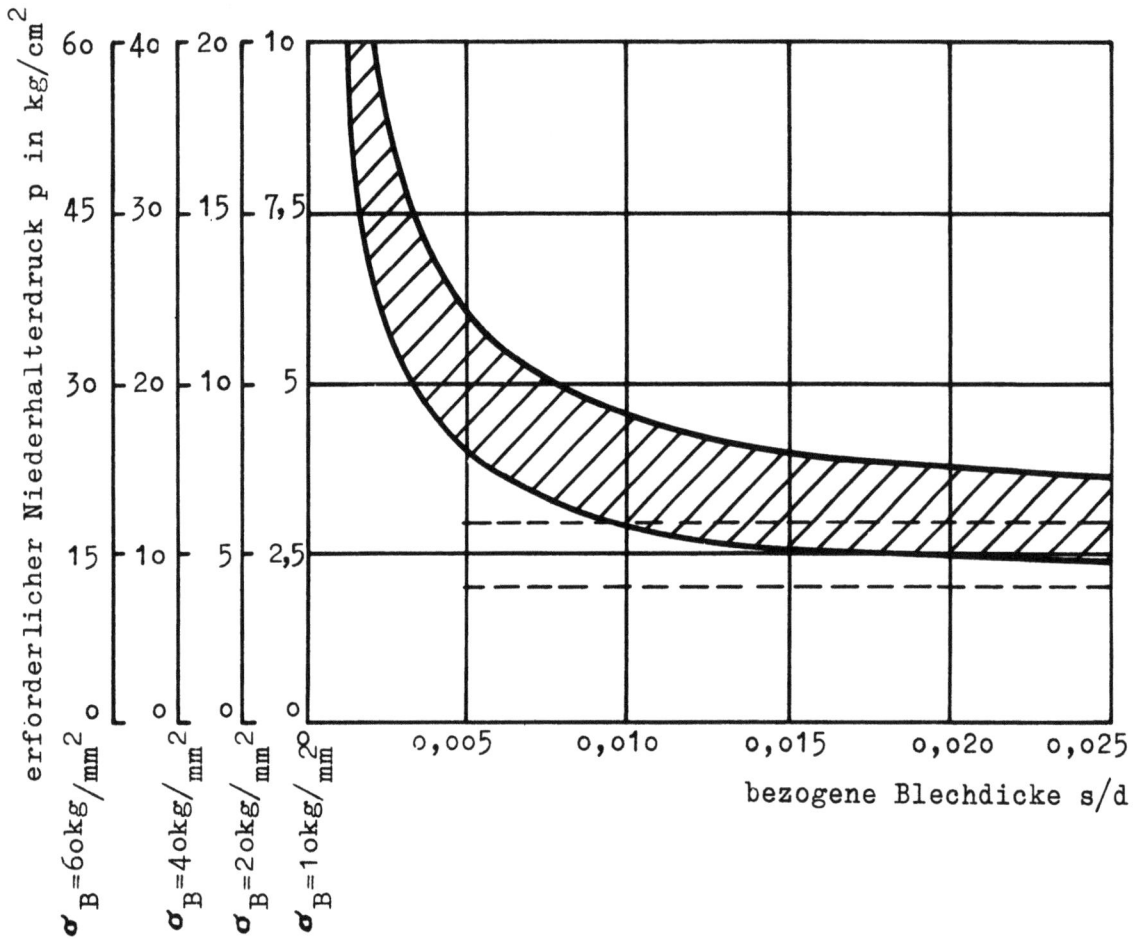

A b b i l d u n g 16

Spezifischer Niederhalterdruck beim Tiefziehen

Forschungsberichte des Wirtschafts- und Verkehrsministeriums Nordrhein-Westfalen

In Abbildung 16 ist der so berechnete Niederhalterdruck für das Ziehverhältnis $\beta_o = 2$ und für $\sigma_B = 10, 20, 40$ und 60 kg/mm^2 in Abhängigkeit von der bezogenen Blechdicke s/d dargestellt. Das Kurvenblatt dürfte brauchbare Kennwerte für die erforderlichen Niederhalterdrücke beim Ziehen von Aluminium ($\sigma_B \approx 10$ kg/mm^2), Kupfer ($\sigma_B \approx 20$ kg/mm^2), Messing und Tiefziehblech ($\sigma_B \approx 40$ kg/mm^2) sowie von nichtrostenden Stählen ($\sigma_B \approx 60$ kg/mm^2) liefern. Steigt das Ziehverhältnis über $\beta o = 2,0$ an, so sind die aus der Kurventafel entnommenen Werte entsprechend zu erhöhen.

Prof. Dr.-Ing. E. S I E B E L, Stuttgart

Forschungsberichte des Wirtschafts- und Verkehrsministeriums Nordrhein-Westfalen

3. Untersuchung über den Einfluß der Ziehspaltweite auf den Formänderungsverlauf und die Eigenspannungen beim Tiefziehen

Beim Tiefziehen im Anschlagzug erhält der Ziehspalt meist die 1,4fache Weite der gezogenen Blechdicke. Verkleinert man den Ziehspalt, so nimmt das Grenzziehverhältnis ß, d.h. das höchstens erreichbare Durchmesserverhältnis von Ronde und Ziehstempel, in geringem Umfange zu. Gleichzeitig vermindern sich die Eigenspannungen, die beim Gleiten des Werkstoffs über die Ziehkante und bei der nachfolgenden Rückbiegung entstehen. Die nachstehenden Untersuchungen liefern Unterlagen über die Zunahme des Ziehverhältnisses und die Abnahme der Eigenspannungen in Abhängigkeit von der schrittweisen Verringerung des Ziehspaltes.

Die Versuche wurden auf einer Universal-Werkstoffprüfmaschine mit eingebautem Tiefziehprüfgerät, das einen pneumatischen Niederhalter besaß, durchgeführt. Die Variation des Ziehspaltes wurde dadurch erreicht, daß Ziehringe mit verschiedenen Durchmessern verwendet wurden, die mit einem Stempel (Abb. 17) mit dem Durchmesser d_s = 45,7 mm zusammenarbeiten. Die Ziehringe mit einer lichten Weite d > 48,0 mm wurden aus Gußeisen hergestellt (Abb. 18). Beim Ziehen mit engem Ziehspalt traten aber bei den Gußeisenringen zu hohe Umfangsdehnungen auf, weshalb die Ringe mit einer lichten Weite d < 48,0 mm aus gehärtetem Werkzeugstahl hergestellt wurden (Abb. 19).

Für die Untersuchung wurde zunächst als Werkstoff Ms 63 mit einer Blechdicke s_o = 1,2 mm benutzt. Um auch für andere Werkstoffe einen Anhalt zu bekommen, wurde ein Teil der Versuche anschließend auf St VIII 23 und V 2 A ausgedehnt.

Der Spannungszustand beim Tiefziehen mit gleichzeitigem Abstrecken entspricht bis zum Eintritt des Bleches in den Ziehspalt dem Spannungszustand beim Tiefziehen ohne Abstrecken. Die bis zum Einlauf in den Ziehspalt geltende Fließbedingung $\sigma_l - \sigma_t = k_f$ lautet von da an $\sigma_l - \sigma_q = k_f$. Die Spannungsdifferenz zwischen der auftretenden Drucktangentialspannung σ_t und der in radialer Richtung wirkenden Zugspannung σ_l entspricht somit in dem überstehenden Rand der Ronde überall der Formänderungsfestigkeit k_f des Werkstoffes. Bei dem anschließenden Abstreckvorgang stellt

Forschungsberichte des Wirtschafts- und Verkehrsministeriums Nordrhein-Westfalen

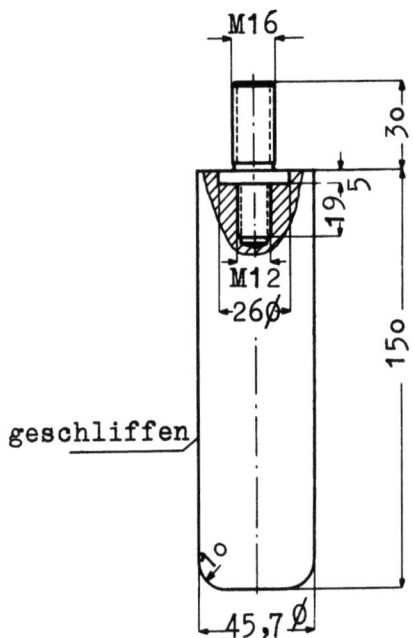

Abbildung 17

Ziehstempel

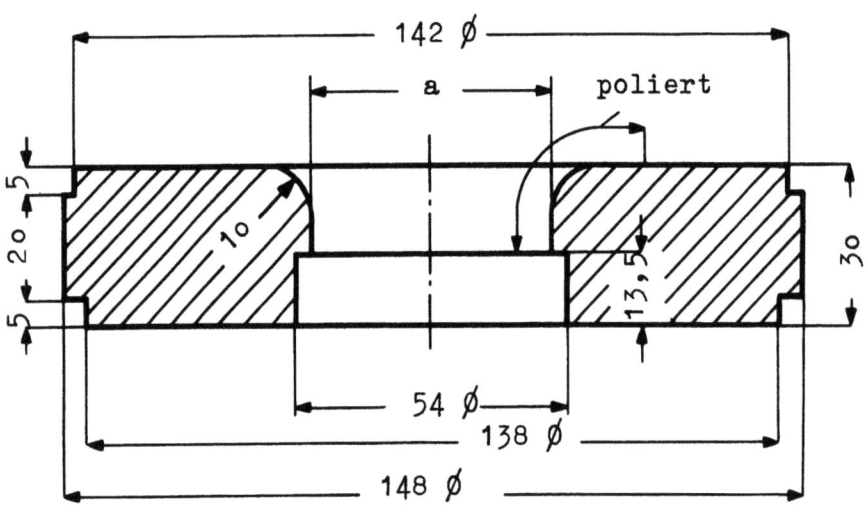

Abbildung 18

Ziehringe aus Spezialguß

Ring	a
2	48,8
3	48,6
4	48,4
5	48,1

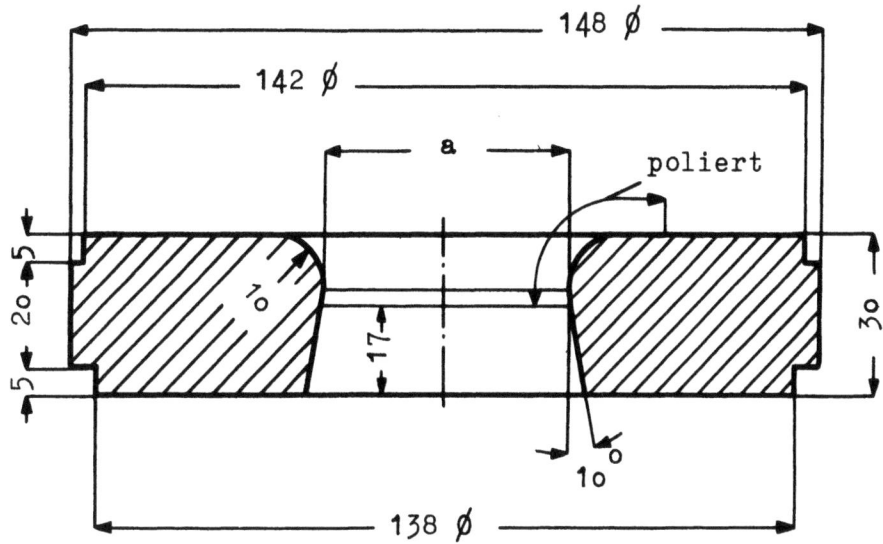

Abbildung 19
Ziehringe aus gehärtetem Werkzeugstahl

Ring	a
1	47,8
2	47,6
3	47,4

sich eine entsprechende Hauptspannungsdifferenz zwischen der Zuglängsspannung σ_l und der zwischen Spalt und Ziehring entstehenden Druckquerspannung σ_q ein, während die Tangentialspannung in der Mitte zwischen σ_l und σ_q verläuft. In Abbildung 20 ist dieser Spannungsverlauf schematisch dargestellt.

Bekanntlich nimmt die Wanddicke der Ronde während des Ziehvorganges am Außenrand beträchtlich zu, da hier das unter dem Einfluß der tangentialen Druckspannungen in Umfangsrichtung verdrängte Material im gleichen Maße in radialer Richtung und in der Dickenrichtung abfließt. Bei einem Ziehverhältnis ß = 2,0 erreicht die Dickenzunahme am Rande dabei etwa 40 %. Wird die Weite des Ziehspaltes zwischen Stempel und Ziehring daher wie üblich gleich dem 1,4fachen Betrag der Ausgangsblechdicke s_o gewählt, so vermag auch der verdickte Becherrand diesen Ziehspalt ungehindert zu durchlaufen. Den Einfluß des verkleinerten Ziehspaltes auf das Kraft-Weg-Diagramm gibt Abbildung 21 wieder. Bei einem Ziehspalt $w_b = 1,4 \cdot s_o$ steigt die Ziehkraft im Kraft-Weg-Diagramm bis zu einem Maximum etwa in der Mitte des Ziehweges an und fällt in ähnlicher Kurve auf Null am Ende des Ziehweges ab. Die beim Ziehen mit einem Spalt von $1,3 \cdot s_o$

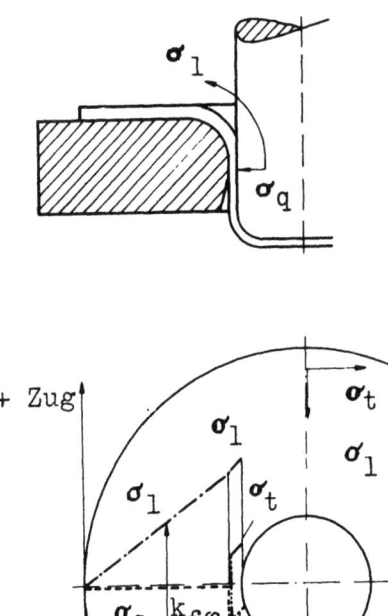

Abbildung 20

Spannungszustand beim Ziehen mit gleichzeitigem Abstrecken

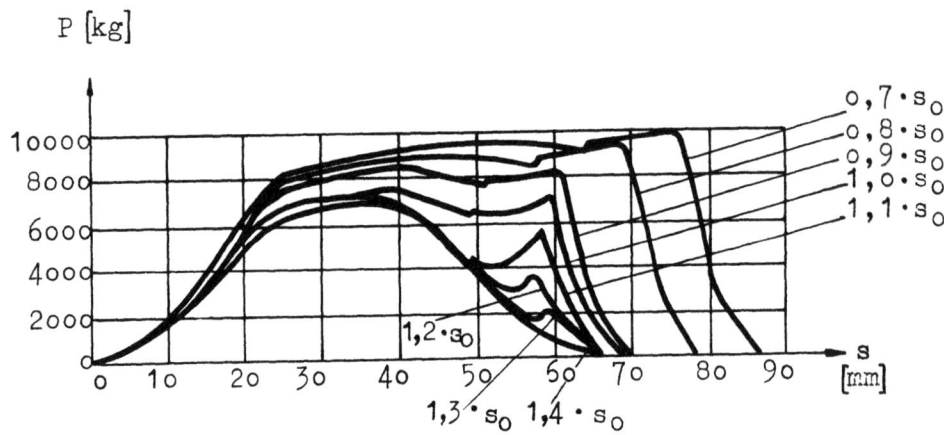

Abbildung 21

Einfluß des Ziehspaltes auf das Kraft-Weg-Diagramm von Ms 63

$s_o = 1,2$ mm: $\beta = 2,2$

entstehende Kraft-Weg-Kurve weist am Ende des Ziehweges ein zweites Ziehkraftmaximum auf, das aber nur eine geringe Höhe hat, und den Durchtritt des verdickten Randes durch den Ziehspalt kennzeichnet. Die Größe des zweiten Maximums nimmt mit abnehmender Spaltweite zu, bis bei $1,0 \cdot s_0$ das Kraft-Weg-Diagramm kein ausgeprägtes zweites Maximum mehr besitzt, sondern die Kurve längs des Ziehweges die einmal erreichte Höhe der Ziehkraft annähernd beibehält. Die Kurven für noch kleinere Spaltweiten (0,8 bis $0,7 \cdot s_0$) weisen eine leicht ansteigende Tendenz der Ziehkraft auf. Das Ziehkraftmaximum wird kurz vor Beendigung des Ziehvorganges erreicht.

Es ist weiter von Interesse, welches größte Ziehverhältnis ß jeweils erreicht werden kann, wenn die Ziehspaltweite schrittweise verkleinert wird. Dazu wurde der Ziehspalt beginnend mit dem bezogenen Ziehspaltverhältnis

$$\frac{w_b}{s_0} = 1,4 \text{ in den Stufen } 1,3; 1,2; 1,1; 1,0; 0,9; 0,8; 0,7$$

schrittweise herabgesetzt und für jede Stufe durch Verändern des Ausgangsrondendurchmessers das maximale Ziehverhältnis, bis zu dem der Anschlagzug ohne Bodenreißer durchgeführt werden kann, ermittelt. In Abbildung 22 ist das für Ms 63 bei den Versuchen bestimmt größte Ziehverhältnis über der bezogenen Ziehspaltweite $\frac{w_b}{s_0}$ aufgetragen. Mit kleiner werdendem Ziehspalt steigt ß von 2,22 bei $\frac{w_b}{s_0} = 1,4$ linear auf ß = 2,37 um rd. 6 % bei $\frac{w_b}{s_0} = 0,85$ an, um nach diesem Höchstwert bei weiterer Spaltverringerung abzufallen. Bei St VIII 23 nimmt ß gemäß Abbildung 23 von 2,18 bei $\frac{w_b}{s_0} = 1,2$ um rd. 3 % bis ß = 2,25 bei $\frac{w_b}{s_0} = 0,85$ zu. Eine weitere Verminderung der Spaltbreite ergibt wieder einen Abfall des Ziehverhältnisses. In Abbildung 24 ist für Al 99, ß über dem Ziehspaltverhältnis aufgetragen. Der Anstieg des unbedeutenden Ziehkraftzuwachses von ß = 2,03 auf 2,06 findet auch hier bei $\frac{w_b}{s_0} = 0,85$ sein Ende. Für V2A (Abb. 25) erhält man ähnliche Ergebnisse wie bei St VIII 23. Von ß = 2,18 bei $\frac{w_b}{s_0} = 1,1$ steigt ß auf 2,25 bei $\frac{w_b}{s_0}$ 0,7 an und fällt auch hier wieder bei weiterer Verminderung der Spaltbreite ab.

Das Ziehverhältnis steigt im günstigsten Fall bei Ms 63 um 6 % an. Dagegen nimmt die Becherhöhe ganz beachtlich, von h = 50 mm bei $\frac{w_b}{s_0} = 1,0$ um mindestens 15 mm auf h = 65 mm zu, wenn man ein Ziehspaltverhältnis $\frac{w_b}{s_0} = 0,8$ wählt. Durch den Abstreckvorgang wird also die Becherhöhe um rund 30 % vergrößert, was im Endergebnis einem größeren Ziehverhältnis gleichzusetzen ist.

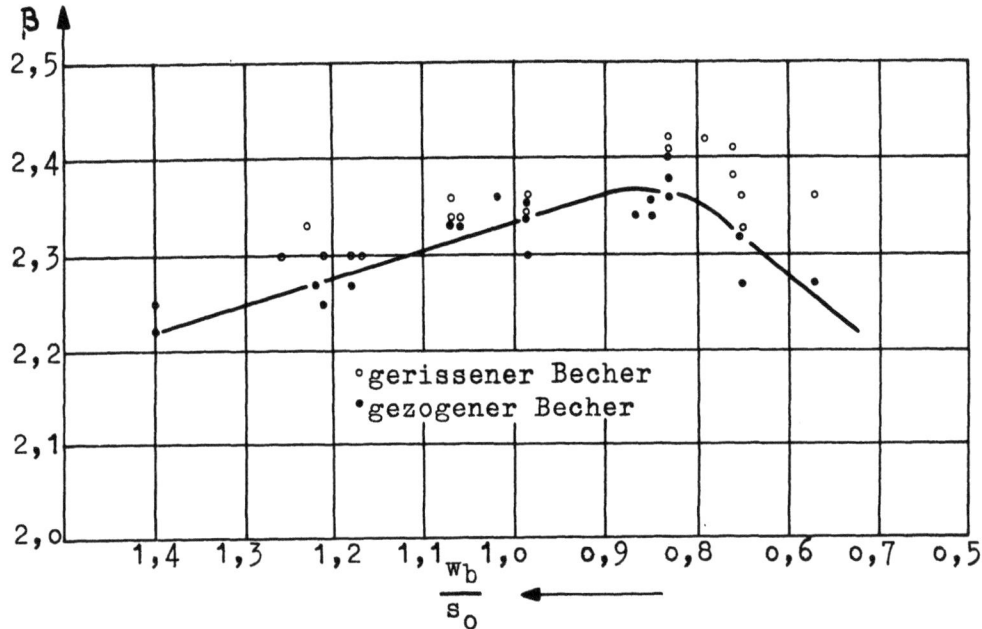

Abbildung 22

Einfluß des bezogenen Ziehspaltverhältnisses
auf das maximale Ziehverhältnis von Ms 63

$s_o = 1,2$ mm

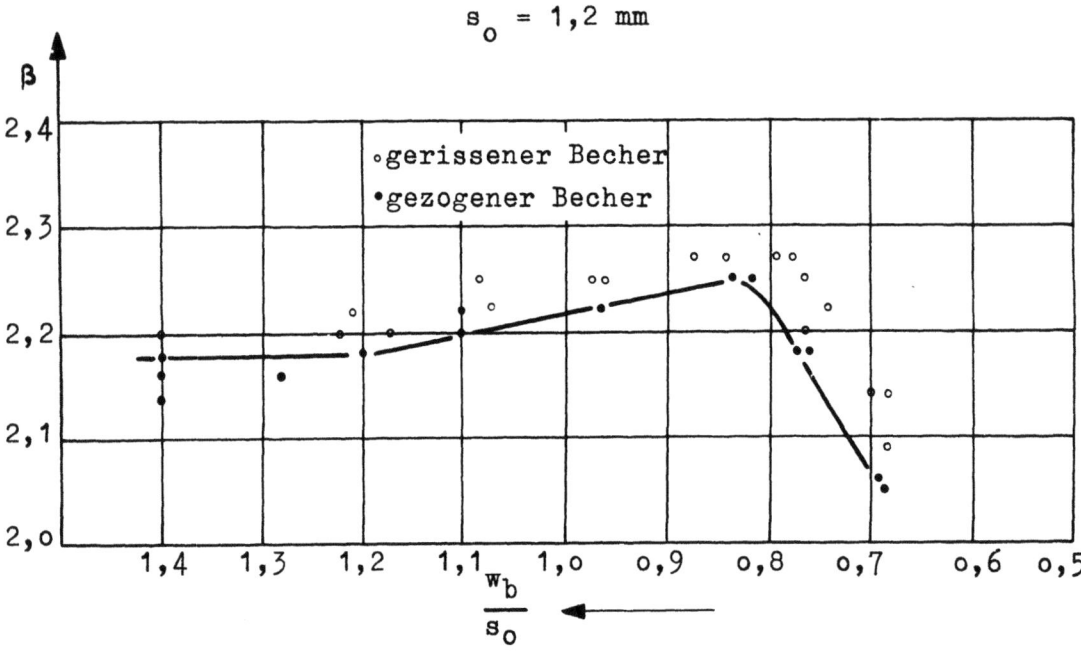

Abbildung 23

Einfluß des bezogenen Ziehspaltverhältnisses
auf das maximale Ziehverhältnis von St VIII 23

$s_o = 1,2$ mm

Das Ziehverhältnis steigt im günstigsten Fall bei Ms 63 um 6 % an. Dagegen nimmt die Becherhöhe ganz beachtlich, von h = 50 mm bei $\frac{w_b}{s_o} = 1,0$ um

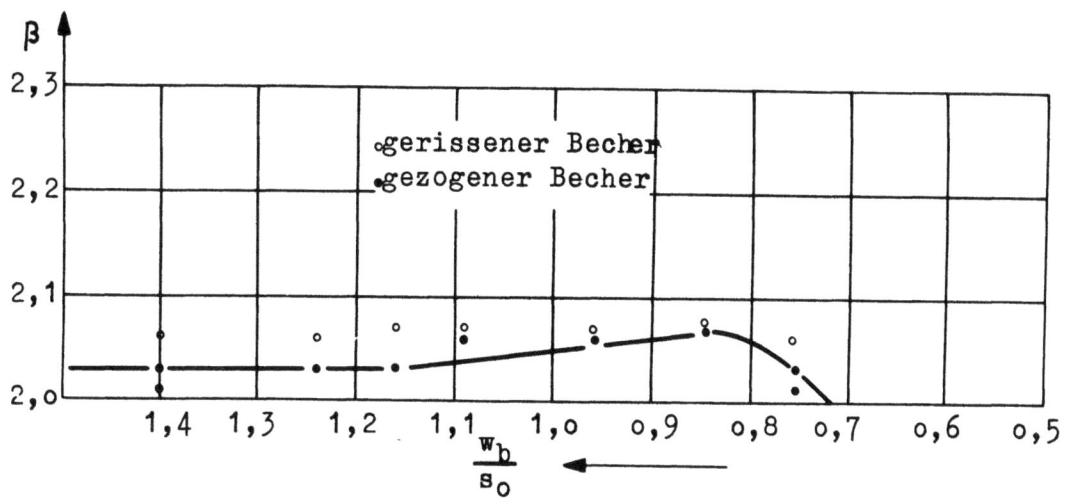

Abbildung 24

Einfluß des bezogenen Ziehspaltverhältnisses
auf das maximale Ziehverhältnis von Al 99

$s_o = 1,2$ mm

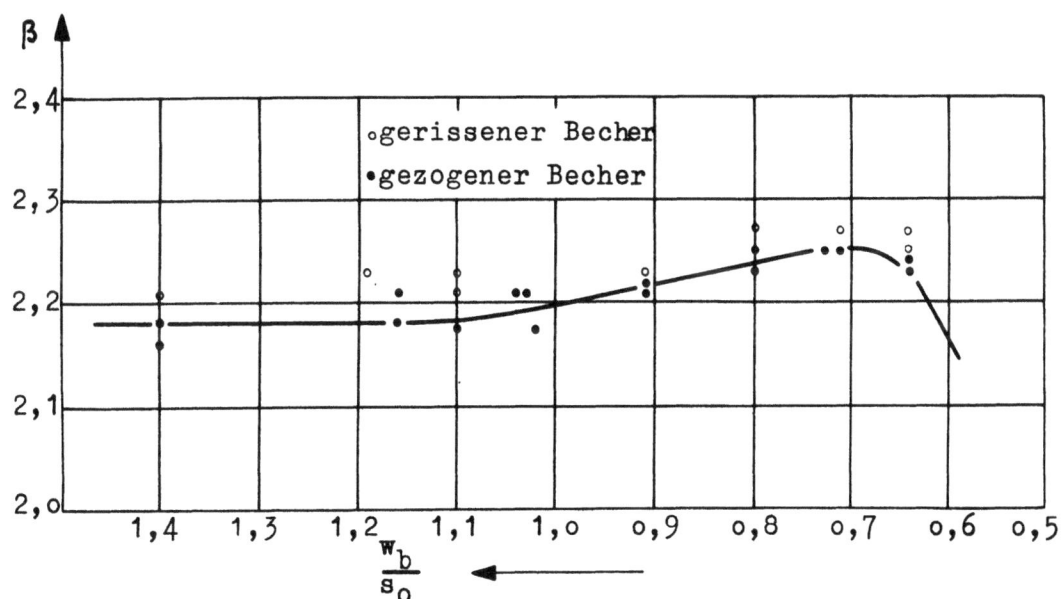

Abbildung 25

Einfluß des bezogenen Ziehspaltverhältnisses
auf das maximale Ziehverhältnis von V 2 A

$s_o = 1,2$ mm

mindestens 15 mm auf h = 65 mm zu, wenn man ein Ziehspaltverhältnis $\frac{w_b}{s_o} =$ 0,8 wählt. Durch den Abstreckvorgang wird also die Becherhöhe um rd. 30% vergrößert, was im Endergebnis einem größeren Ziehverhältnis gleichzusetzen ist.

Wie eingangs bereits auseinandergesetzt, ist die bei kleinen Ziehspaltverhältnissen entstehende Abstreckung für die Beseitigung der Eigenspannungen von größter Bedeutung. Als Maß für die in der Becherwand vorhandenen Eigenspannungen kann die Aufbiegung eines schmalen Streifens dienen, der durch zwei bis in die Nähe des Becherbodens geführte Schnitte aus der Becherwand herausgelöst wird. Gemessen wurde der Durchmesser des Bechers einmal vor (b) und einmal nach dem Aufsägen (a). Die Differenz (A = a - b) zwischen beiden Messungen wird als Maß für die vorhandenen Eigenspannungen verwendet. Biegt sich der durch die zwei Einschnitte freigelegte Becherstreifen nicht mehr heraus (A = 0), so ist sicher, daß keine Eigenspannungen mehr vorhanden sind.

In Abbildung 26 ist die an Bechern aus Ms 63 gemessene Aufbiegung A über dem bezogenen Ziehspaltverhältnis aufgetragen. Die freigelegten Becherstreifen eines mit $\frac{w_b}{s_o} = 1,4$ hergestellten Bechers bogen sich soweit auf, daß eine Durchmesservergrößerung um rd. 10 mm gemessen wurde. Bei $\frac{w_b}{s_o} = 1,1$ hat die Aufbiegung bereits soweit abgenommen, daß sie nur noch A=3 mm beträgt, während sich für $\frac{w_b}{s_o} = 0,9$ überhaupt keine Durchmesserdifferenz mehr vor und nach dem Einsägen der Schnitte ergab. St VIII 23 (Abb. 27) hat von vornherein geringere Eigenspannungen als Ms 63, was auf die geringere Verfestigung dieses Stahls zurückzuführen ist. Bei $\frac{w_b}{s_o} = 1,4$ wurde eine Aufbiegung A = 5 mm gemessen, die sich bei $\frac{w_b}{s_o} = 1,3$ auf rd. 4 mm verkleinerte und ab $\frac{w_b}{s_o} = 1,05$ ganz verschwand.

Al 99 hat entsprechend seiner geringen Festigkeit noch weniger Eigenspannungen als St VIII 23, die bei $\frac{w_b}{s_o} = 1,05$ ganz verschwanden (Abb. 28). V2A dagegen hat große Eigenspannungen - (bei $\frac{w_b}{s_o} = 1,4$ mißt man A = 7 mm) - die erst bei $\frac{w_b}{s_o} = 0,75$ ganz beseitigt sind (Abb. 29).

Weiterhin wurde der sich aus kleinen und großen Ziehspaltverhältnissen ergebende Wandstärkenverlauf, wiederum an Bechern, die aus Ms 63 gezogen waren, untersucht. Während der mit einem bezogenen Ziehspaltverhältnis 1,4 hergestellte Becher am Becherrand (bei einer Ausgangsblechdicke s_o = 1,2 mm) eine Wandstärke von s = 1,7 mm und an der Rundung des Becherbodens s = 0,85 besitzt (Abb. 30), hat der mit einem Ziehspaltverhältnis 1,1 gezogene Becher am Rand nur noch eine Wandstärke s = 1,4 mm und an der Bodenrundung s = 0,85 mm. Unterhalb des Ziehspaltverhältnisses 0,9 werden die Wandstärkenunterschiede zwischen Becherrand und Boden

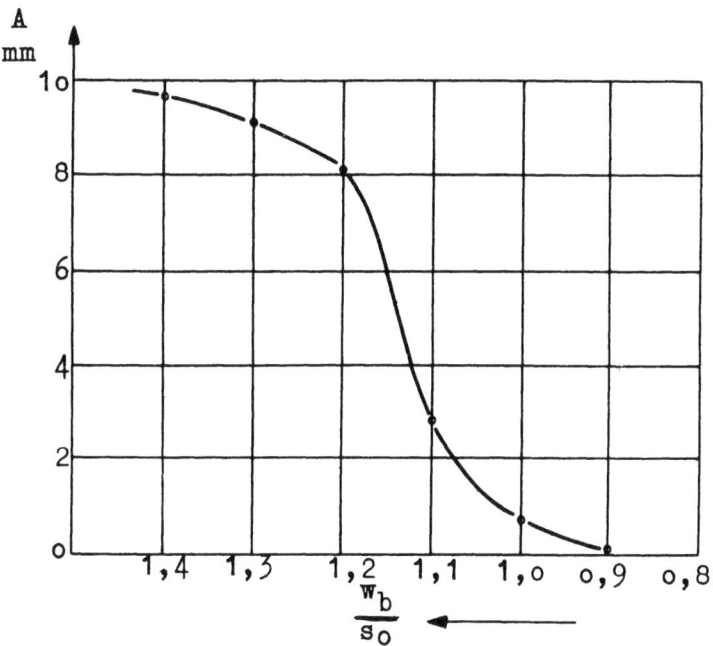

Abbildung 26

Einfluß des bezogenen Ziehspaltverhältnisses
auf die Eigenspannungen von Ms 63 $s_o = 1,2$ mm

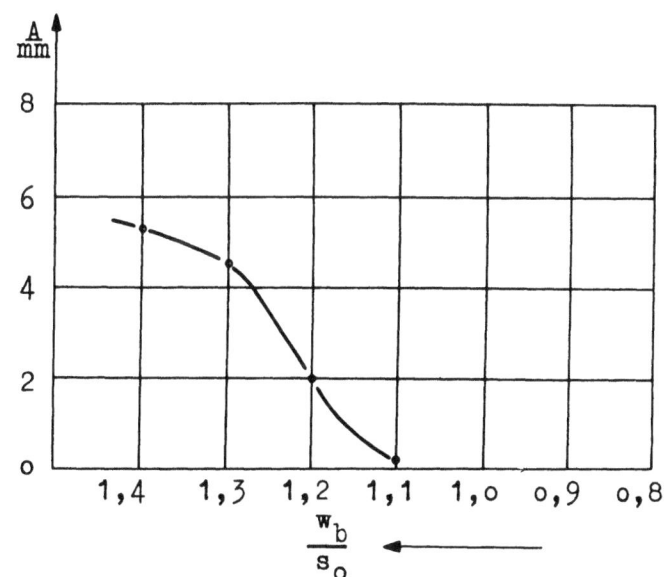

Abbildung 27

Einfluß des bezogenen Ziehspaltverhältnisses
auf die Eigenspannungen von St VIII 23 $s_o = 1,2$ mm

mit einer Differenz von 0,15 mm so gering, daß sie praktisch keine Bedeutung mehr haben (Abb. 35 bis 37).

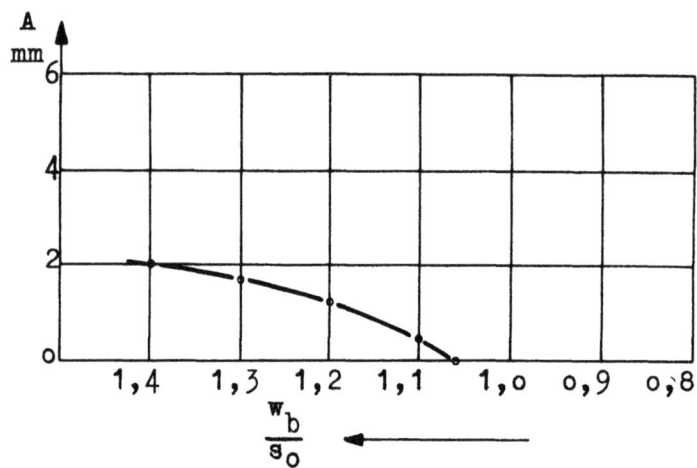

Abbildung 28

Einfluß des bezogenen Ziehspaltverhältnisses
auf die Eigenspannungen von Al 99 $s_o = 1,2$ mm

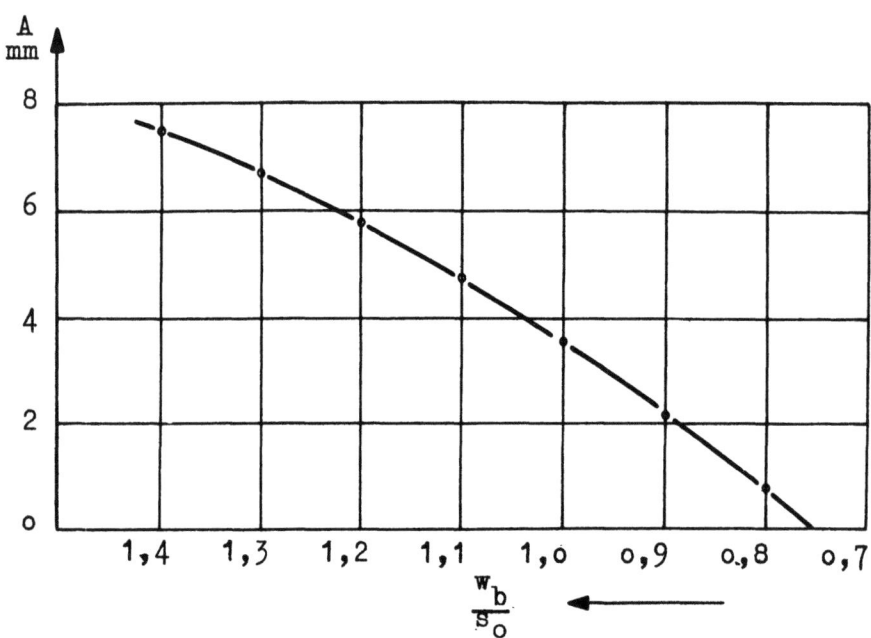

Abbildung 29

Einfluß des bezogenen Ziehspaltverhältnisses
auf die Eigenspannungen von V 2 A $s_o = 1,2$ mm

Zusammenfassung

Für einige Werkstoffe wurden das Ziehverhältnis, die Abnahme der Eigenspannungen und für Ms 63 der Wandstärkenverlauf, die sich bei der schrittweisen Verkleinerung des zwischen Ziehstempel und Ziehring befindlichen Spaltes ergeben, untersucht. Dabei ergab sich bei richtig gewählter

Forschungsberichte des Wirtschafts- und Verkehrsministeriums Nordrhein-Westfalen

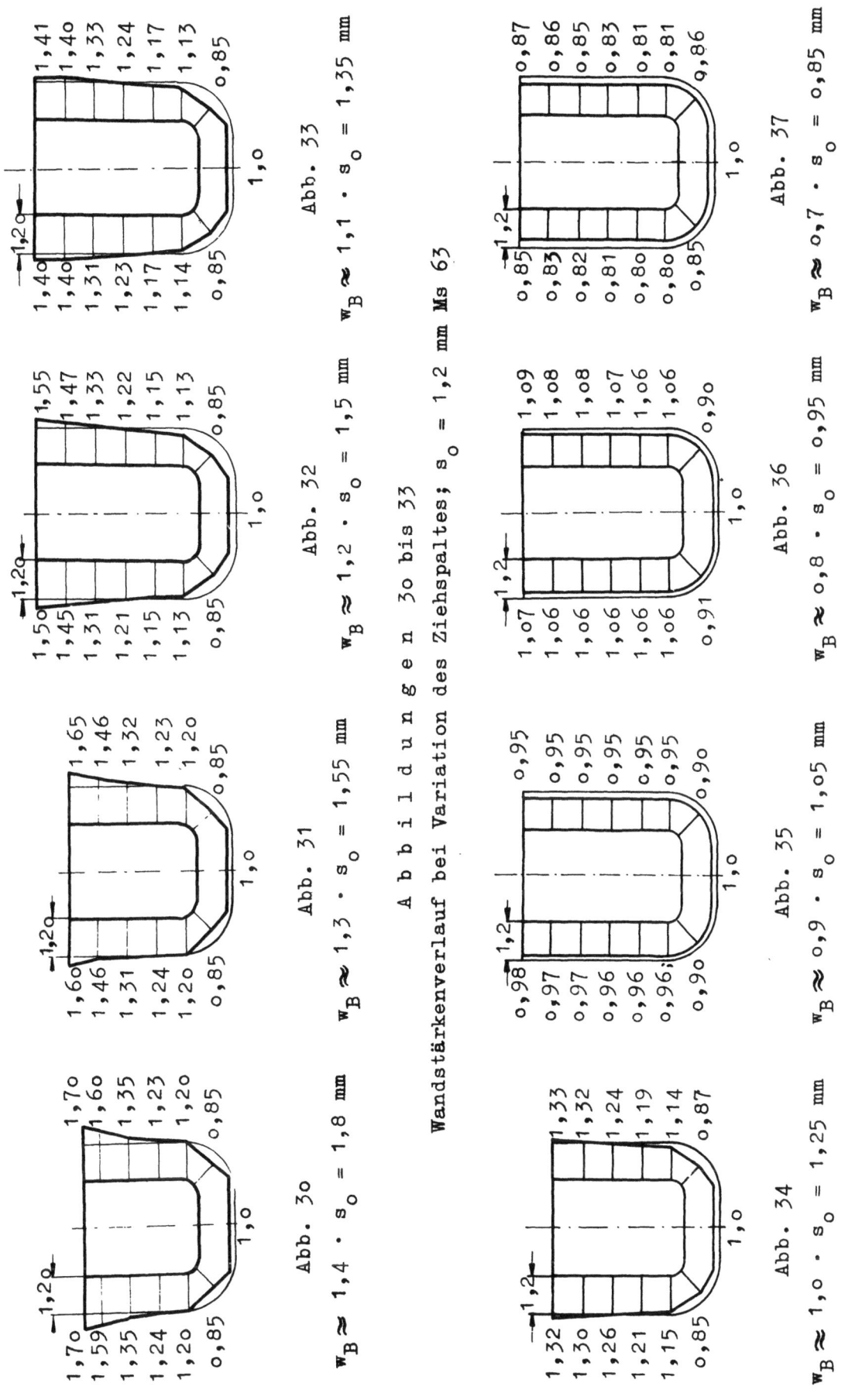

Abb. 30 $w_B \approx 1,4 \cdot s_o = 1,8$ mm

Abb. 31 $w_B \approx 1,3 \cdot s_o = 1,55$ mm

Abb. 32 $w_B \approx 1,2 \cdot s_o = 1,5$ mm

Abb. 33 $w_B \approx 1,1 \cdot s_o = 1,35$ mm

Abbildungen 30 bis 33

Wandstärkenverlauf bei Variation des Ziehspaltes; $s_o = 1,2$ mm Ms 63

Abb. 34 $w_B \approx 1,0 \cdot s_o = 1,25$ mm

Abb. 35 $w_B \approx 0,9 \cdot s_o = 1,05$ mm

Abb. 36 $w_B \approx 0,8 \cdot s_o = 0,95$ mm

Abb. 37 $w_B \approx 0,7 \cdot s_o = 0,85$ mm

Abbildungen 34 bis 37

Wandstärkenverlauf bei Variation des Ziehspaltes; $s_o = 1,2$ mm Ms 63

Forschungsberichte des Wirtschafts- und Verkehrsministeriums Nordrhein-Westfalen

Spaltweite eine geringe Zunahme des größten Ziehverhältnisses, eine bedeutende Erhöhung der Becherhöhe durch den Abstreckvorgang, außerdem die Beseitigung der Eigenspannungen, verbunden mit einem gleichmäßigen Wandstärkenverlauf.

                                                Prof. Dr.-Ing. E. S I E B E L, Stuttgart
                                                H. K O T T H A U S, Stuttgart

Forschungsberichte des Wirtschafts- und Verkehrsministeriums Nordrhein-Westfalen

4. Untersuchungen über das Abstrecken

Um Aufschluß über die Zusammensetzung der Stempelkraft aus den einzelnen während des Abstreckvorganges auftretenden Kräften zu gewinnen, wurden die Einzelkräfte experimentell und rechnerisch bestimmt. Weiterhin wurden der Einfluß des Neigungswinkels der Ziehfläche im Abstreckring bei verschiedenen Schmiermitteln untersucht. Außerdem wurde der Einfluß der Formänderungsgeschwindigkeit beim Abstrecken durch Fallhammerversuche ermittelt.

a) Versuchseinrichtung, Werkzeuge und Versuchswerkstoffe

Die Versuche wurden an einer MAN - Universal - Werkstoffprüfmaschine mit einem Tiefziehprüfgerät durchgeführt. Die Bestimmung der für das Abstrekken erforderlichen Kraft erfolgte mittels eines Pendelmanometers. Der Stempelvorschub wurde wegen der Trägheit des Pendels mit 0,025 m/min gewählt.

Die zur Durchführung der Versuche benutzten Stempel und Abstreckringe waren aus legiertem Werkzeugstahl mit etwa 12 % Cr hergestellt. Die Werkzeuge hatten nach dem Härten und Anlassen eine Härte von 61 HRc. Sämtliche Werkzeuge wurden geschliffen und an den Arbeitsflächen poliert. In Abbildung 38 ist eine Schemaskizze der Werkzeuganordnung dargestellt. Damit hinter der Ziehkante keine Reibung mehr auftritt, wurden die Abstreckringe mit einem Freiwinkel von $3 \div 5°$ hergestellt. Die Versuche wurden mit 11 verschiedenen Werkstoffen durchgeführt (Tab. 5).

b) Versuchsdurchführung

Zunächst wurden 3,5 mm dicke Ronden mit einem Durchmesser von 75 mm zu Bechern mit einem Außendurchmesser von 53 mm vorgezogen und danach auf eine gleichmäßige Wandstärke von $s_o = 3$ mm abgestreckt. Damit man auf der ganzen Becherlänge ein gleichmäßiges Gefüge erhielt, wurde anschließend geglüht. So war es dann möglich, während des Abstreckvorganges konstante Kraftverhältnisse zu erhalten, wie dies aus den in Abbildung 39 dargestellten Kraft-Weg-Schaubildern von verschieden stark abgestreckten Bechern aus Ms 63 ersichtlich ist. Die Stahlnäpfchen wurden anschließend phosphatiert. Die bei den verschiedenen Werkstoffen verwendeten Schmiermittel sind in Tabelle 5 aufgeführt.

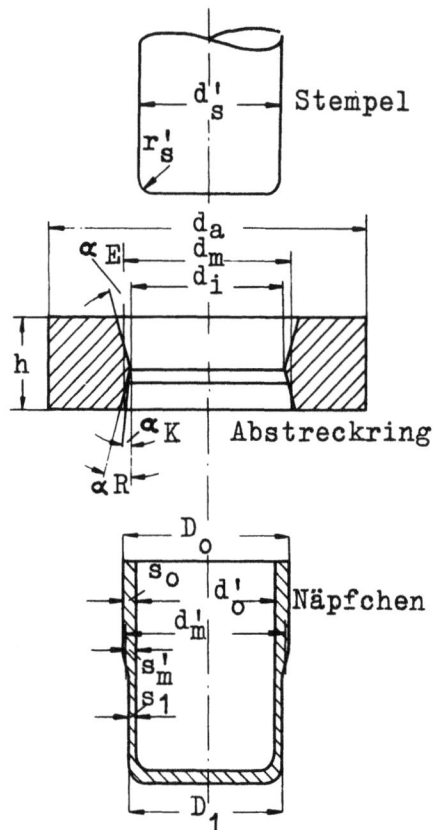

Abbildung 38

Abstreckwerkzeuge und teilweise abgestrecktes Näpfchen

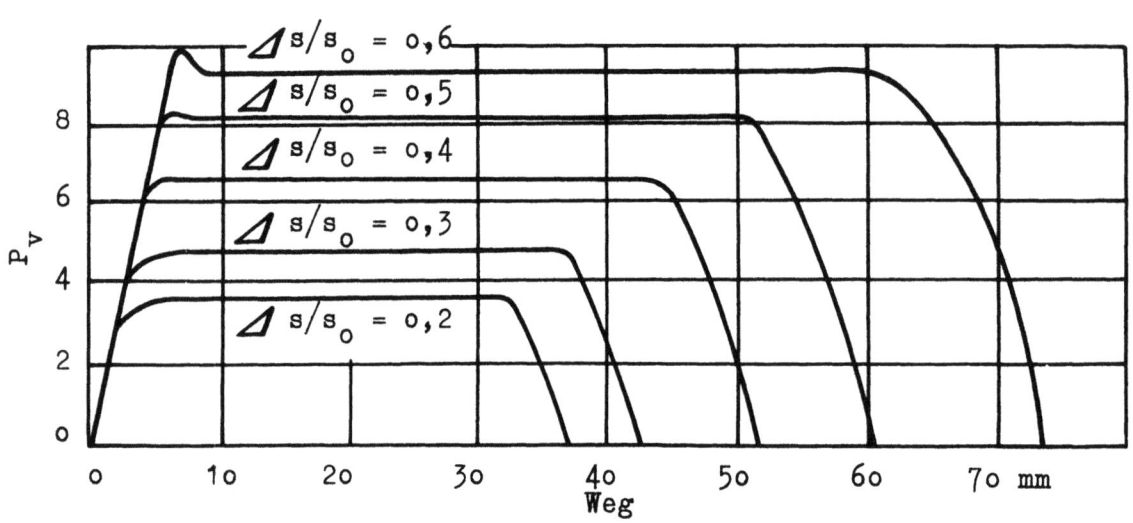

Abbildung 39

Kraft-Weg-Schaubild für Ms 63 nach dem Rekristallisationsglühen bei Abstreckgraden von $\frac{s_o - s_1}{s_o}$ = 0,2 ÷ 0,6

Ausgangswandstärke s_o = 3 mm   Napfaußendurchmesser D_1 = 42 mm

Forschungsberichte des Wirtschafts- und Verkehrsministeriums Nordrhein-Westfalen

Tabelle 5
Verwendete Werkstoffe

Nr.	Werkstoff	Ausgangs-blechdicke [mm]	Zugfestig-keit σ_B [kg/mm²]	Bruchdeh-nung δ_5 [%]	Schmiermittel	Reibungs-koeff. am Abstreckring μ_r	Reibungs-koeff. am Stempel μ_{st}	Max. Abstreckgrad beim 1. Zug= $\frac{s_o - s_1}{s_o} \cdot 100$ (max) [%]	Max. Abstreckgrad beim 2. Zug= $\frac{s_1 - s_2}{s_1} \cdot 100$ (max) [%]	Max. Abstreckgrad nach 2 Zügen= $\frac{s_o - s_2}{s_o} \cdot 100$ (gesamt) [%]
1	St VIII 23	3,5	37	47	Ziehfett VE 1 M	0,024	0,07	60	50	80
2	St VII 23	3,5	36	41	Hypoidöl	0,029	0,075*	60	50	80
					Maschinenöl	0,048	0,08*			
3	St V 23	3,5	35,5	44	Ziehfett VE 1 M	0,024	0,07	60	50	80
					Mo S$_2$	0,027	0,073*			
4	St 42.23	3,0	41	33	Ziehfett VE 1 M	0,024	0,07	55	~45	~75
5	V2A (X5Cr Ni 18 9)	3,5	61	75	Ziehfett VE 1 M phosphatiert	0,024*	0,07*	60	–	–
					Ziehfett VE 1 M nicht phosphat.	0,016*	0,066*			
6	Ms 63	3,5	34,7	60	Ziehfett VE 1 M	0,016	0,066	60	50	80
					Maschinenöl	0,035	0,071			
7	Ms 60	3,5	37,3	60	Ziehfett VE 1 M	0,016	0,066	60	50	80
8	Ms 58	3,5	38,5	35	Ziehfett VE 1 M	0,016	0,066	40	30	~60
9	Al 99,5 F7	4,0	7,8	47	Hypoidöl	0,015	0,07	60	50	80
10	Al-Mg-Si	4,0	13,4	32	Hypoidöl	0,015	0,07	50	40	70
11	Al-Cu-Mg	4,0	21	24	Hypoidöl	0,015	0,07	40	30	~60

* angenommen

Seite 43

c) Bestimmung der Reibungskoeffizienten

In Abbildung 40 sind die während des Abstreckvorganges auftretenden Kräfte dargestellt. Der am Werkstück angreifenden vertikalen Ziehkraft P_v hält im Ziehspalt die Vertikalkomponente der Kraft Q' die Waage, der eine Horizontalkomponente P_h entspricht. Der Querdruck Q' wirkt während des Abstreckvorganges infolge der Reibung um den Winkel ϱ geneigt zur Normalen an der Ziehfläche. Wenn der Neigungswinkel der Ziehfläche zu der Ziehachse mit α bezeichnet wird, ist das Kräftegleichgewicht durch folgende Gleichung gegeben:

$$(16) \qquad P_v = Q' \cdot \sin(\alpha + \varrho)$$

Ferner ist

$$(17) \qquad P_v = P_h \cdot \operatorname{tg}(\alpha + \varrho)$$

Dann ergibt sich für den Reibungskoeffizienten

$$(18) \qquad \operatorname{tg} \varrho = \frac{\dfrac{P_v}{P_h} - \operatorname{tg}\alpha}{1 + \dfrac{P_v}{P_h} \cdot \operatorname{tg}\alpha} = \mu_r$$

Es läßt sich somit der Reibungskoeffizient μ_r bestimmen, wenn außer der Vertikalkraft P_v auch die am Abstreckring angreifende Horizontalkraft P_h gemessen wird. So ist es möglich, in einfacher Weise Aufschluß über die Güte verschiedener Schmiermittel beim Abstrecken zu erhalten.

Da sich die Becherhöhe während des Abstreckvorganges ändert, findet auch Reibung zwischen der Becherwand und dem Stempel statt. Hier liegen die Schmierverhältnisse ungünstiger als am Abstreckring. Auch diese Reibungskräfte lassen sich meßtechnisch bestimmen, und zwar wirkt auf den Napfboden die für die Formänderung benötigte Vertikalkraft P_v vermindert um die Reibungskraft am Stempel P'_{st} (Abb. 40).

$$(19) \qquad P'_z = P_v - P'_{st}$$

bzw.

$$(20) \qquad P'_{st} = P_v - P'_z$$

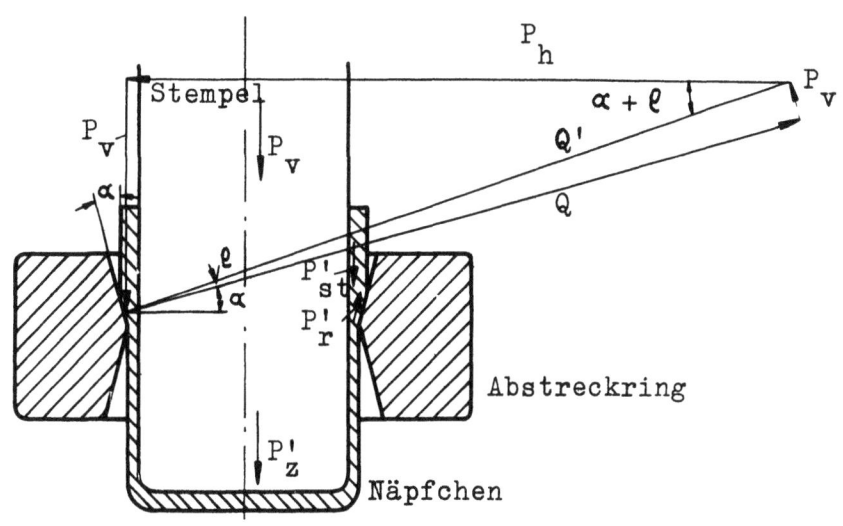

Abbildung 40
Kräfte während des Abstreckvorganges

Die auf den Napfboden wirkende Kraft P'_z läßt sich in einfacher Weise durch Dehnungsmessungen an dem zylindrischen, bereits abgestreckten Teil des Bechers ermitteln. Die Reibungskraft am Stempel P'_{st} ist durch die Horizontalkraft P_h bedingt und ergibt sich zu

(21) $$P'_{st} = \mu_{st} \cdot P_h$$

Damit wird der Reibungskoeffizient am Stempel

(22) $$\mu_{st} = P'_{st}/P_h = (P_v - P'_z)P_h$$

Es ist somit möglich, durch Messung der Vertikalkraft P_v, der auf den Napfboden wirkenden Kraft P'_z und der Horizontalkraft P_h den Reibungskoeffizienten am Stempel μ_{st} und somit den Einfluß verschiedener Schmiermittel auch an dieser Stelle zu ermitteln.

d) <u>Ermittlung der beim Abstrecken auftretenden Einzelkräfte</u>

Die Ermittlung der Vertikalkraft P_v bereitet keine Schwierigkeiten, da die Versuche mit einer Werkstoffprüfmaschine durchgeführt wurden und somit die Vertikalkraft unmittelbar am Pendelmanometer abgelesen werden konnte. Für die Ermittlung der Horizontalkraft wurde angenommen, daß der Abstreckring unter einem Innendruck $p_h = P_h/F_m$ steht. Da der Abstreckring konisch ausgeführt ist, wurde für die mittlere Fläche F_m ein zylindrischer Mantel mit dem mittleren Durchmesser d_m und der Höhe h zugrunde gelegt ($F_m = \pi \cdot d_m \cdot h$) (Abb. 38). Unter dieser Annahme kann man die elastizitätstheoretischen Gleichungen für einen dickwandigen Hohlzylinder unter Innendruck verwenden. Die Dehnung ε_{ta} am Außendurchmesser des Abstreckringes ist ein Maß für den innerhalb des Ringes herrschenden Druck p_h. Für die Horizontalkraft ergibt sich dann

$$(23) \qquad P_h = \frac{E \cdot \varepsilon_{ta} \cdot \left[(d_a/d_m)^2 - 1\right] \cdot F_m}{2}$$

Der Elastizitätsmodul der Abstreckringe wurde zu $E = 21\,500$ kg/mm^2 ermittelt. Die Randdehnung ε_{ta} wurde durch Dehnungsmeßstreifen bestimmt, die an der Außenseite des Ziehringes angebracht waren.

Die Kraft auf dem Napfboden ergibt sich unter der Annahme, daß infolge des Stempels eine Querdehnung des Napfes nicht möglich ist, zu

$$(24) \qquad P'_z = \frac{E}{1 - 1/m^2} \cdot F_1 \cdot \varepsilon_1$$

Darin bedeutet E den Elastizitätsmodul und m die Querdehnungszahl des abgestreckten Werkstoffes. Mit F_1 ist der Querschnitt des Bechers nach dem Abstrecken $\left[F_1 = \frac{\pi}{4}(D_1^2 - d_0'^2)\right]$ bezeichnet. Die Dehnung ε_1 am abgestreckten Teil des Bechers wurde durch Dehnungsmeßstreifen ermittelt. Dabei ist darauf zu achten, daß vor dem Aufkleben des Dehnungsmeßstreifens der Becherboden entlastet wird.

e) <u>Gemessene Reibungskoeffizienten</u>

In Abbildung 41 sind die beim Abstrecken von Ms 63 und St VII 23 mit unterschiedlicher Schmierung auftretenden Horizontal- und Vertikalkräfte bei verschiedenen Abstreckgraden für einen Abstreckwinkel $\alpha_E = 12°$ dargestellt. Der lineare Anstieg zeigt, daß der Reibungskoeffizient vom Abstreckgrad nicht beeinflußt wird. Diese Geraden wurden der Berechnung des Reibungskoeffizienten zugrunde gelegt.

In Tabelle 5 sind die aus diesen Werten nach Gleichung (18) berechneten Reibungskoeffizienten am Abstreckring und Stempel für verschiedene Werkstoffe bei verschiedenen Schmiermitteln wiedergegeben. Wie Tabelle 5 zeigt, ergeben sich schlechte Reibungsverhältnisse bei Schmierung mit

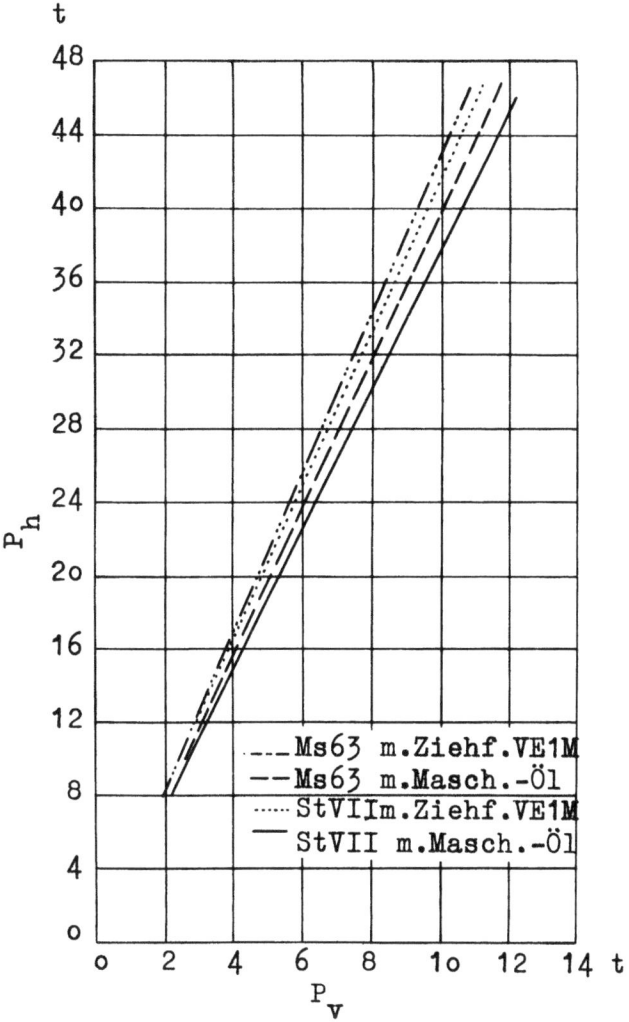

Abbildung 41

Horizontal- und Vertikalkraft bei verschiedenen Abstreckgraden $\Delta s/s_o$ für St VII und Ms 63 mit unterschiedlicher Schmierung
Abmessungen des Abstreckringes: d_a = 90 mm, d_i = 42 mm, $\alpha_E = 12°$

Maschinenöl im Gegensatz zu den anderen verwendeten Schmiermitteln. Wie außerdem zu ersehen ist, liegen die Reibungsverhältnisse am Stempel ungünstiger als am Abstreckring. Untersuchungen über den Einfluß des Abstreckwinkels auf die Reibungskoeffizienten zeigten eine nur geringe Abhängigkeit in dem untersuchten Bereich von $6°$ bis $18°$. Der Reibungskoeffizient kann daher in diesem Bereich als konstant angesehen werden.

f) <u>Bestimmung des günstigsten Abstreckwinkels</u>

Zur Bestimmung des günstigsten Abstreckwinkels wurden die Stempelkräfte bei Querschnittabnahmen von 20 bis 60 % und bei verschiedenen Neigungswinkeln der Abstreckfläche gemessen. Die Ergebnisse der Untersuchung sind in Abbildung 42 und 43 für Ms 63 dargestellt. Es zeigt sich, daß die zum Abstrecken mit einem bestimmten Abstreckgrad erforderliche Kraft jeweils bei einem bestimmten Abstreckwinkel ein Minimum aufweist. Wenn man die Minima durch eine Linie verbindet, erhält man die für jeden Abstreckgrad günstigsten Abstreckwinkel. Wie ein Vergleich der Abbildung 42 und 43 erkennenläßt, verschiebt sich dieser günstigste Abstreckwinkel bei besserer Schmierung zu kleineren Werten hin. In Tabelle 6 und Abbildung 44 sind die günstigsten Abstreckwinkel für verschiedene Abstreckgrade $\frac{\Delta s}{s_o}$ und Reibungskoeffizienten wiedergegeben. Wie Tabelle 6 zu entnehmen ist, wird der günstigste Abstreckwinkel nicht vom Werkstoff, sondern nur von dem Reibungskoeffizienten und dem Abstreckgrad beeinflußt.

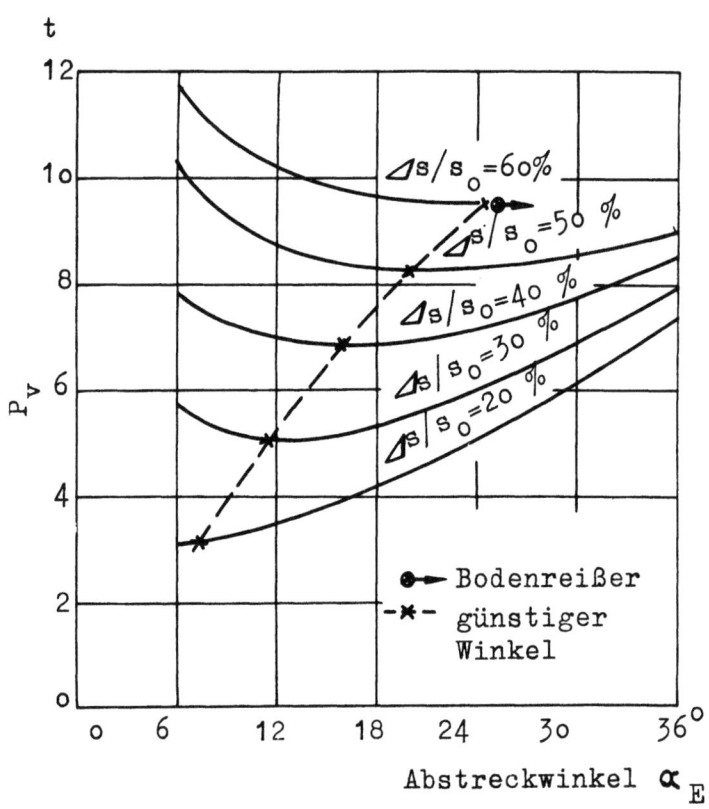

A b b i l d u n g 42

Abstreckkräfte in Abhängigkeit vom Abstreckwinkel für

Ms 63 mit Ziehfett VE 1 M (μ_r = 0,016, μ_{st} = 0,066, s_o = 3 mm)

$\Delta s/s_o$ = 20 %; φ_1 = 0,238; F_1 = 299 mm^2; k'_{fm1} = 29 kg/mm^2

$\Delta s/s_o$ = 30 %; φ_1 = 0,379; F_1 = 263 mm^2; k'_{fm1} = 34,5 kg/mm^2

$\Delta s/s_o$ = 40 %; φ_1 = 0,542; F_1 = 227,4 mm^2; k'_{fm1} = 39,5 kg/mm^2

$\Delta s/s_o$ = 50 %; φ_1 = 0,698; F_1 = 191 mm^2; k'_{fm1} = 43,5 kg/mm^2

$\Delta s/s_o$ = 60 %; φ_1 = 0,961; F_1 = 154 mm^2; k'_{fm1} = 47,5 kg/mm^2

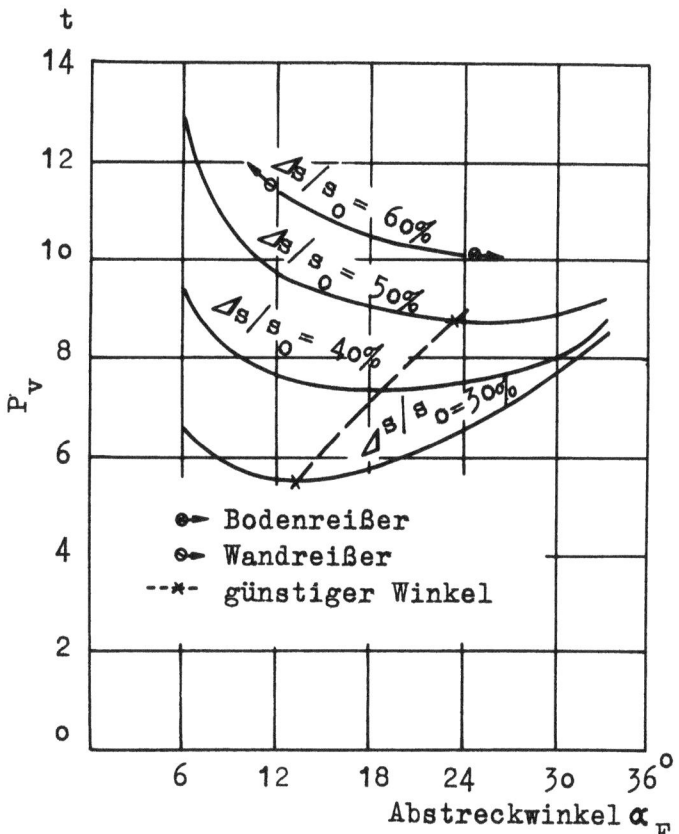

Abbildung 43

Abstreckkräfte in Abhängigkeit vom Abstreckwinkel für

Ms 63 mit Maschinenöl (μ_r = 0,035, μ_{st} = 0,071, s_o = 3 mm)

$\Delta s/s_o$ = 30 %; φ_1 = 0,379; F_1 = 263 mm²; k'_{fm1} = 34,5 kg/mm²
$\Delta s/s_o$ = 40 %; φ_1 = 0,542; F_1 = 227,4 mm²; k'_{fm1} = 39,5 kg/mm²
$\Delta s/s_o$ = 50 %; φ_1 = 0,698; F_1 = 191 mm²; k'_{fm1} = 43,5 kg/mm²
$\Delta s/s_o$ = 60 %; φ_1 = 0,961; F_1 = 154 mm²; k'_{fm1} = 47,5 kg/mm²

g) <u>Mechanik des Abstreckvorganges</u>

Die für das Abstrecken benötigte Gesamtarbeit A_{ges} setzt sich aus der für das verlustlose Abstrecken benötigten ideellen Formänderungsarbeit A_{id}, den Verlustarbeiten durch Reibung am Abstreckring A_r und am Stempel A_{st} sowie den Schiebungsverlusten infolge des Materialzusammenhanges vor und hinter der Formgebungszone A_s zusammen.

(25) $$A_{ges} = A_{id} + A_r + A_{st} + A_s$$

Infolge der Gleichheit der verlustlosen inneren und äußeren Formgebungsarbeit ergibt sich

Forschungsberichte des Wirtschafts- und Verkehrsministeriums Nordrhein-Westfalen

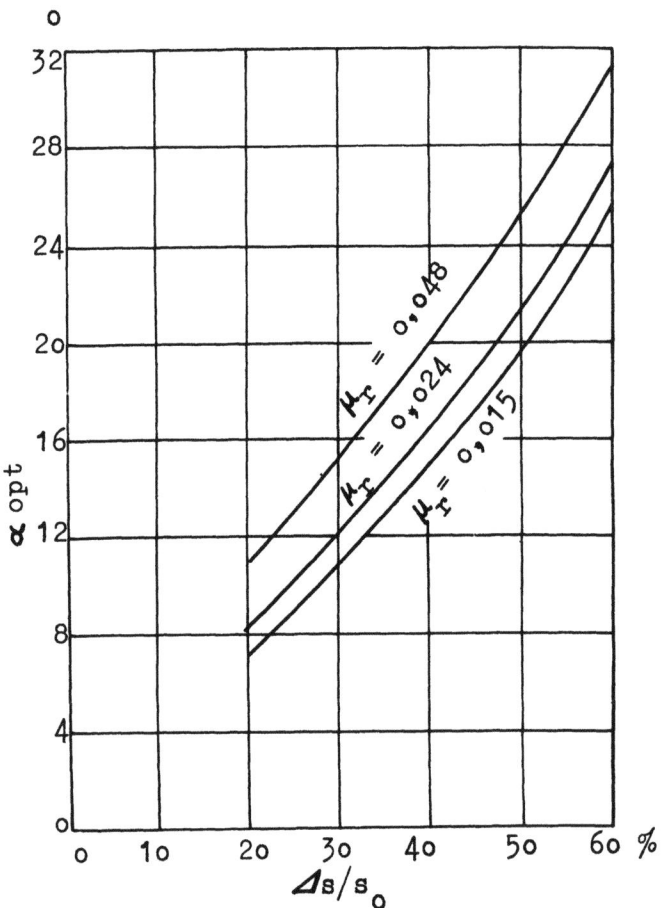

Abbildung 44

Günstigster Abstreckwinkel in Abhängigkeit vom Abstreckgrad $\Delta s/s_o$ bei verschiedenen Reibungskoeffizienten

(26) $\quad A_{id} = 1,1 \cdot F_1 \cdot l_1 \cdot \varphi_g \cdot k_{fm} = P_{id} \cdot l_1$

(27) $\quad P_{id} = 1,1 \cdot F_1 \cdot \varphi_g \cdot k_{fm}$

wenn man den Querschnitt des abgestreckten Bechers mit $F_1 = \frac{\pi}{4}(D_1^2 - d_o'^2)$
die logarithmische Hauptformänderung mit

(28) $\quad \varphi_g = \ln \frac{F_o}{F_1} \cong \frac{2(F_o - F_1)}{F_o + F_1}$

den Querschnitt des Bechers vor dem Abstrecken mit

$$F_o = \frac{\pi}{4}(D_o^2 - d_o'^2)$$

Forschungsberichte des Wirtschafts- und Verkehrsministeriums Nordrhein-Westfalen

Tabelle 6

Günstigste Abstreckwinkel für verschiedene Werkstoffe bei unterschiedlicher Schmierung

Werkstoff	Schmiermittel	Reibungskoeffizient		Günstigster Winkel α° für $\Delta s / s_o$							
		am Ring μ_r	am Stempel μ_{st}	20%	30%	40%	50%	60%	33,5%	44,5%	55,5%
St VIII 23	Ziehfett VE 1 M	0,024	0,07	8,4	12,0	16,6	21,3	27,5			
	Hypoidöl	0,029	0,075	9,1	12,9	17,6	22,2	28,7			
St VII 23	Ziehfett VE 1 M	0,024	0,07	8,4	12,0	16,6	21,3	27,5			
	Maschinenöl	0,048	0,08	10,9	15,2	21,8	25,0	31,7			
St V 23	Ziehfett VE 1 M	0,024	0,07	8,4	12,0	16,6	21,3	27,5			
	Mo S$_2$	0,027	0,073	8,8	12,5	17,2	21,8	28,2			
St 42.23	Ziehfett VE 1 M	0,024	0,07						13,6	18,6	24,5
Ms 63	Ziehfett VE 1 M	0,016	0,066	7,4	10,7	15,0	19,4	25,5			
	Maschinenöl	0,035	0,071	9,6	13,5	18,3	23,0	29,4			
Ms 60, Ms 58	Ziehfett VE 1 M	0,016	0,066	7,4	10,7	15,0	19,4	25,5			
Al 99,5 F7 Al-Mg-Si Al-Cu-Mg	Hypoidöl	0,015	0,07	7,3	10,7	15,1	19,5	25,6			

und den Weg des Stempels mit l_1 bezeichnet. Die mittlere Formänderungsfestigkeit k_{fm} kann den Fließkurven für den abgestreckten Werkstoff entnommen werden.

Die Reibungsarbeit A_r zwischen Abstreckring und Werkstoff läßt sich nach Abbildung 45 berechnen zu

$$A_r = 1,1 \cdot k_{fm} \cdot \mu_r \cdot \frac{F_o - F_1}{\sin \alpha_E} \cdot \frac{F_1}{F_m} \cdot l_1$$

(29)
$$\cong 1,1\, F_1 \cdot \varphi_g \cdot k_{fm} \cdot l_1 \frac{\mu_r}{\alpha_E}$$

wobei μ_r den Reibungskoeffizienten zwischen Abstreckring und Werkstoff, α_E den Neigungswinkel der Abstreckfläche im Bogenmaß und $F_m = \frac{F_o + F_1}{2}$ die mittlere Fläche kennzeichnen.

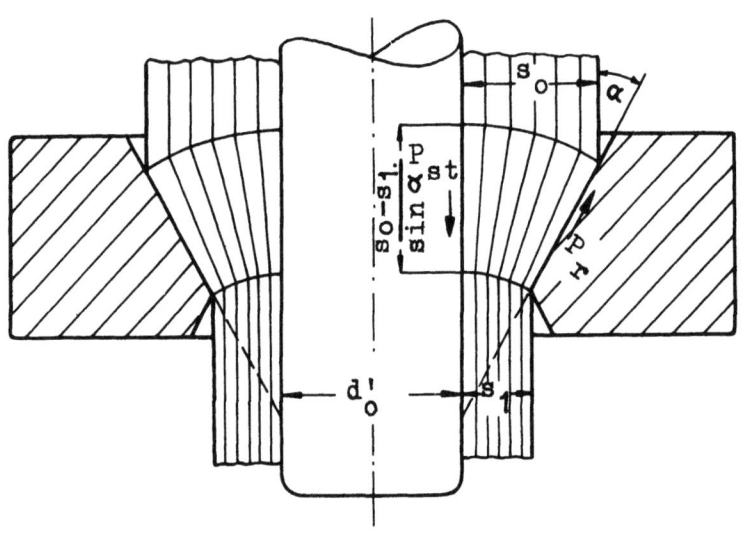

Abbildung 45
Reibungskräfte am Stempel und Ziehring

Die Reibungsarbeit A_{st} am Stempel, die infolge der Relativbewegung des Materials zum Stempel entsteht, ergibt sich nach Abbildung 45 zu

$$A_{st} = \mu_{st}\, 1,1\, k_{fm} \frac{F_o - F_1}{\sin \alpha_E} \cdot \frac{d_o'}{d_o' + s_o + s_1} \cdot \frac{F_o - F_1}{2 F_o} \cdot l_1$$

Unter der Annahme einer kleinen Wandstärke im Verhältnis zum Stempeldurchmesser ergibt sich dann

$$(30) \qquad A_{st} \cong 1{,}1 \cdot F_1 \cdot \varphi_g \cdot k_{fm} \, l_1 \, \frac{\varphi_g \cdot \mu_{st}}{2 \alpha_E}$$

wobei μ_{st} den Reibungskoeffizienten zwischen Stempel und Werkstoff kennzeichnet.

Die durch den Materialzusammenhang vor und hinter der Formgebungszone bedingte Schiebungsarbeit A_s läßt sich nach Abbildung 46 etwa berechnen zu

$$A_s = 2 \, F_m \frac{1{,}1 \, k_{fm}}{4} \, l_m \cdot \mathrm{tg}\, \alpha_E$$

$$(31)$$

$$A_s \cong 1{,}1 \, F_1 \cdot \varphi_g \cdot k_{fm} \, l_1 \frac{\alpha_E}{2 \varphi_g}$$

Dann ergibt sich die Gesamtarbeit A_{ges} zu

$$(32) \quad A_{ges} = 1{,}1 \, F_1 \cdot \varphi_g \cdot k_{fm} \cdot l_1 \left(1 + \frac{\mu r}{\alpha_E} + \varphi_g \frac{\mu_{st}}{2 \alpha_E} + \frac{\alpha_E}{2 \varphi_g}\right)$$

Daraus läßt sich die Gesamtabstreckkraft zu

$$(33) \quad P_{ges} = 1{,}1 \cdot F_1 \cdot \varphi_g \cdot k_{fm} \cdot \left(1 + \frac{\mu r}{\alpha_E} + \varphi_g \frac{\mu_{st}}{2 \alpha_E} + \frac{\alpha_E}{2 \varphi_g}\right).$$

berechnen.

h) <u>Wirkungsgrad</u>

Der Wirkungsgrad läßt sich aus dem Verhältnis der Kraft für den verlustlosen Umformvorgang P_{id} zur Gesamtkraft P_{ges} berechnen zu

$$(34) \qquad \eta_F = \frac{P_{id}}{P_{ges}} = \frac{1}{1 + \dfrac{\mu r}{\alpha_E} + \varphi_g \dfrac{\mu_{st}}{2 \alpha_E} + \dfrac{\alpha_E}{2 \varphi_g}}$$

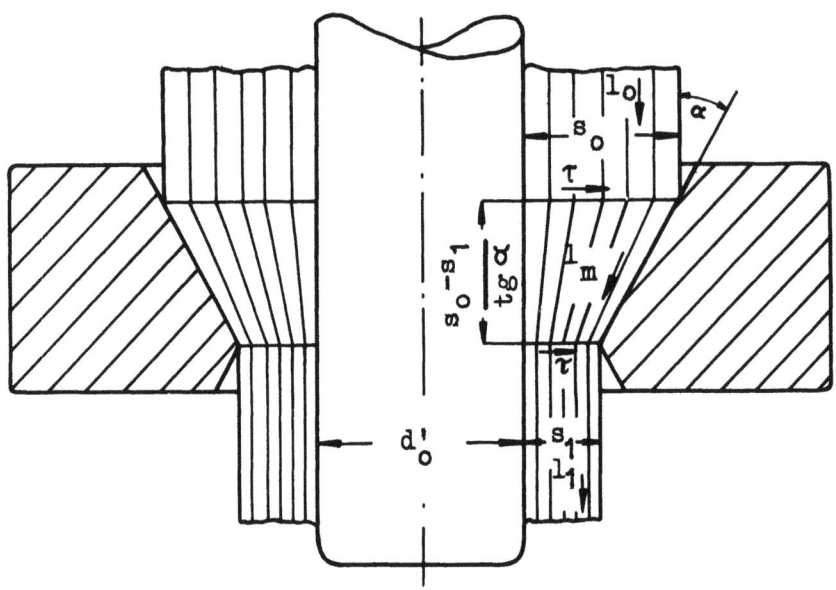

Abbildung 46
Darstellung zur Ermittlung der Schiebungsverluste

Sind die Becher vor dem Abstrecken geglüht oder besitzen sie überall die gleiche Formänderungsfestigkeit, so gilt für die Bestimmung des Formänderungswirkungsgrades aus dem Versuch die Beziehung

$$\eta_F = \frac{P_{id}}{P_v}$$

Die Vertikalkraft P_v kann direkt durch Messung bestimmt werden, während sich die Kraft P_{id} für den verlustlosen Abstreckvorgang nach Gleichung (27) ermitteln läßt.

Abbildung 47 gibt den so bestimmten Formänderungswirkungsgrad in Abhängigkeit vom Abstreckwinkel α_E für Ms 63 mit Ziehfett VE 1 M wieder. Es zeigt sich, daß, wie zu erwarten ist, der günstigste Wirkungsgrad beim günstigsten Abstreckwinkel liegt. In Abbildung 48 ist der optimale Wirkungsgrad für St VII bei verschiedenen Schmiermitteln dargestellt. Wie die Abbildungen 47 und 48 zeigen, liegt der Formänderungswirkungsgrad beim Abstrecken zwischen $\eta_F = 0,55 \div 0,70$ für Abstreckgrade $\Delta s/s_o = 20 \div 50 \%$.

Bei bekanntem Formänderungswirkungsgrad läßt sich umgekehrt die Stempelkraft zu

(35) $$P = 1,1 \cdot F_1 \cdot \frac{k_{fm}}{\eta_F} \cdot \varphi_g$$

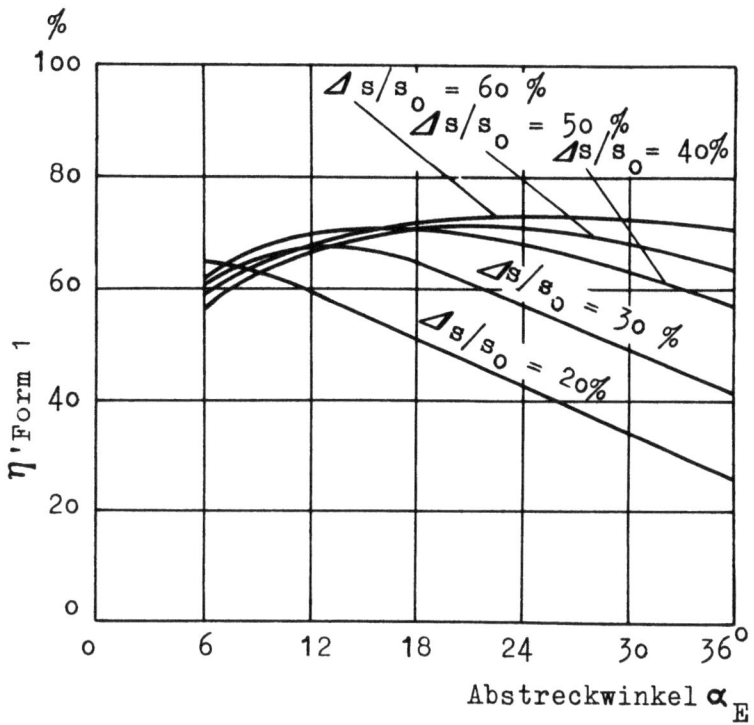

Abbildung 47

Formänderungswirkungsgrad $\eta'_{\text{Form 1}}$ für Ms 63 mit Ziehfett VE 1 M ($\mu_r = 0{,}016$, $\mu_{st} = 0{,}066$)

berechnen. Die mittlere Formänderungsfestigkeit k_{fm} kann der Fließkurve für den entsprechenden Werkstoff entnommen werden.

i) <u>Maximaler Abstreckgrad</u>

Für eine wirtschaftliche Fertigung interessiert es, welche maximalen Abstreckgrade in einem Zug erreicht werden können. Der maximale Abstreckgrad ist dann erreicht, wenn die Zugspannung in der abgestreckten Wand den Wert der Zugfestigkeit des Werkstoffes überschreitet. Da ein Teil der Verformungsarbeit über direkten Reibungsschluß infolge der Querkraft erfolgt, sind beim Abstrecken größere Querschnittabnahmen als beim Ziehen im Weiterschlag möglich. Die Querkraft ist vom Abstreckwinkel abhängig. Daher wird auch der maximal mögliche Abstreckgrad vom Abstreckwinkel beeinflußt. Aus den Abbildungen 42 und 43 sind für Ms 63 die maximalen Abstreckgrade bei unterschiedlicher Schmierung zu ersehen. Die maximalen Abstreckgrade wurden nicht für alle Winkel ermittelt, so daß also nicht die genaue Grenze angegeben werden kann, sondern nur die ungefähre Höhe. Eine Zusammenstellung der maximalen Abstreckgrade für die untersuchten Werkstoffe ist in Tabelle 5 wiedergegeben.

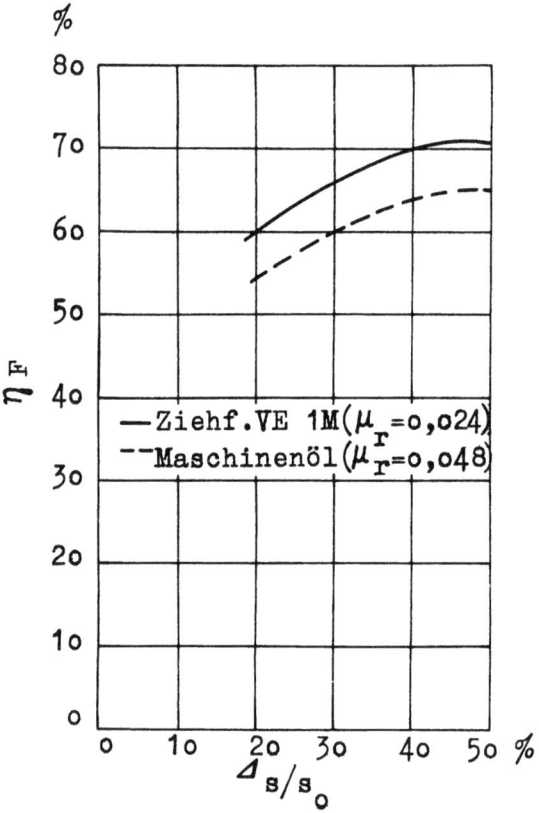

Abbildung 48

Wirkungsgrad beim Abstrecken von St VII 23 in Abhängigkeit vom Abstreckgrad und der Schmierung für den günstigsten Abstreckwinkel

k) Geschwindigkeitseinfluß auf das Abstrecken

Zur Feststellung des Einflußes einer erhöhten Formänderungsgeschwindigkeit auf das Abstrecken wurden bei einer Auftreffgeschwindigkeit von 270 m/min Untersuchungen mit Hilfe eines Fallhammers durchgeführt. Die Kraftmessung mußte für die hohen Geschwindigkeiten über Widerstandsgeber mit einem Elektronenstrahloszillographen erfolgen. Die Meßglieder wurden statisch auf einer Werkstoffprüfmaschine geeicht und dann für die Kraftmessung in die Fallhammervorrichtung eingebaut. Es zeigten sich grundsätzlich ähnliche Verhältnisse wie bei der langsamen Geschwindigkeit. Lediglich die Kräfte erhöhten sich bei Stahl bis zu 10 % und bei Messing bis zu 2,3 %, wie die Abbildungen 49 und 50 zeigen. Auffallend ist, daß bei kleinen Abstreckwinkeln die Kräfte bei hohen Formänderungsgeschwindigkeiten niedriger liegen als bei langsamer Verformungsgeschwindigkeit. Dies ist wahrscheinlich darauf zurückzuführen, daß bei kleinen Winkeln die Schmierfilmbildung bei hohen Geschwindigkeiten günstiger als bei langsamen wird. Die Fallhammerversuche zeigen, daß der Einfluß der hohen Auftreffgeschwindigkeit auf den maximalen Abstreckgrad nur gering ist.

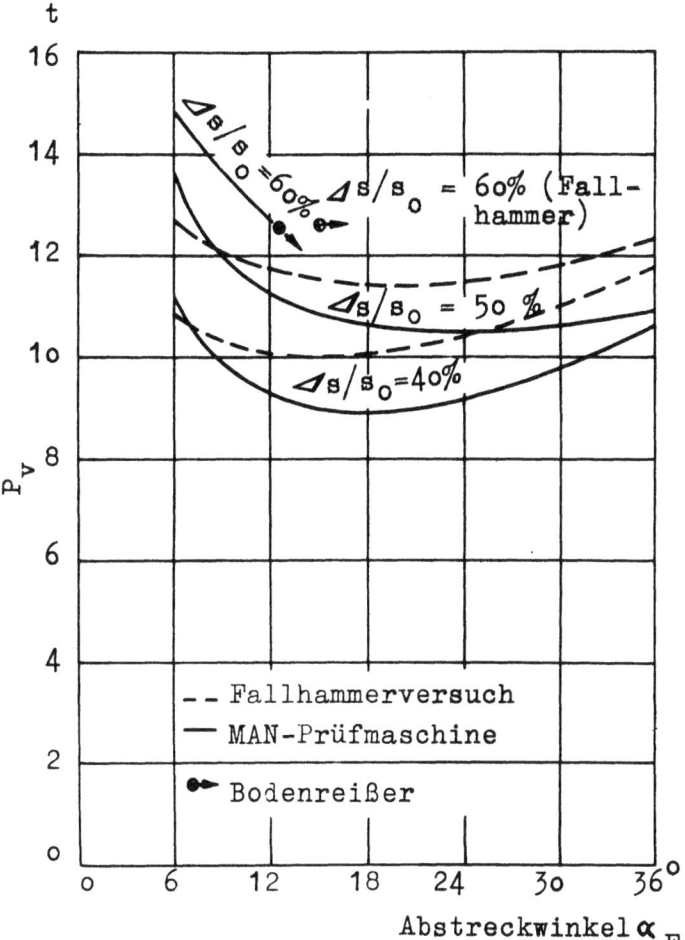

Abbildung 49

Untersuchung des Geschwindigkeitseinflußes auf die Krafterhöhung beim Abstrecken für St VIII 23 (Ziehfett VE 1 M, $\mu_r = 0,024$, $\mu_{st} = 0,07$, $s_o = 3$ mm)

Geschwindigkeit der MAN-Maschine 0,025 m/min

Auftreffgeschwindigkeit des Fallhammers 270 m/min

1) <u>Kräfte beim zweiten Abstreckzug</u>

Beim zweiten Abstreckzug hat man prinzipiell die gleichen Verhältnisse wie beim ersten. Somit ergibt sich die Abstreckkraft zu

$$(36) \qquad P = \frac{1,1 \cdot F_2 \cdot \varphi_2 \cdot k_{fm2}}{\eta_{F_2}}$$

Die Ermittlung von k_{fm2} ist in diesem Falle etwas einfacher als beim ersten Abstreckzug. Es kann

$$(37) \qquad k_{fm2} = \frac{k_{f1} + k_{f2}}{2}$$

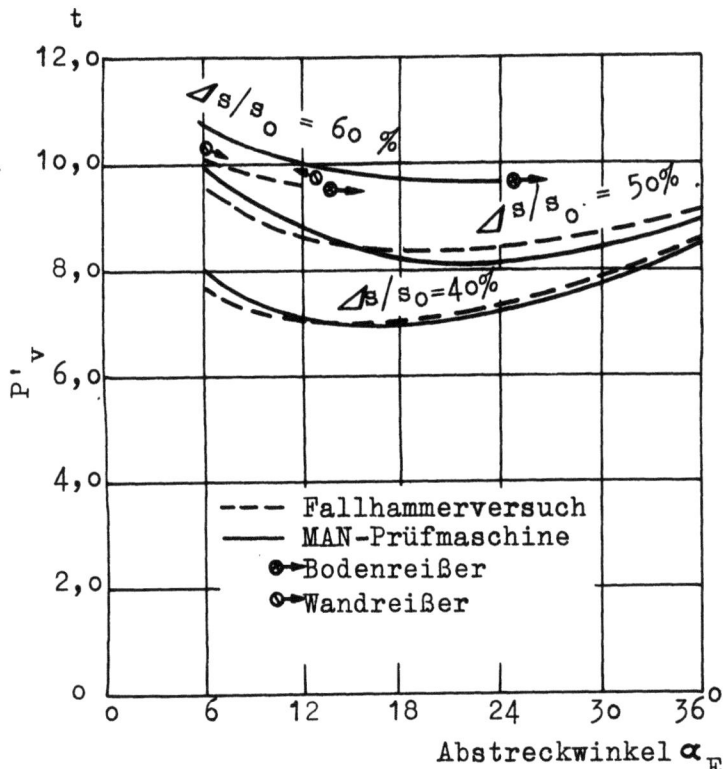

Abbildung 50

Untersuchung des Geschwindigkeitseinflußes auf die Krafterhöhung beim Abstrecken für Ms 63 (Ziehfett VE 1 M, μ_r = 0,016, μ_{st} = 0,066, s_o = 3 mm)
Geschwindigkeit der MAN-Maschine 0,025 m/min
Auftreffgeschwindigkeit des Fallhammers 270 m/min

gesetzt werden, wenn k_{f1} und k_{f2} die maximale Formänderungsfestigkeit nach dem ersten und zweiten Zug bedeutet. Für die Gesamtformänderung ergibt sich

$$(38) \qquad \varphi_g = \ln F_1/F_2 \cong \frac{2 \cdot (F_1 - F_2)}{F_1 + F_2}$$

Der Wirkungsgrad beim zweiten Abstreckzug dürfte etwa gleich dem des ersten Abstreckzuges sein.

m) <u>Maximaler Abstreckgrad</u>

Bei den Untersuchungen über den maximalen Abstreckgrad zeigte es sich, daß der maximale Abstreckgrad beim zweiten Abstreckzug um etwa 10 % niedriger als beim ersten Abstreckzug liegt. Die Werte für den maximalen Abstreckgrad sind in Tabelle 5 angegeben.

m) Zusammenfassung

Zur Ermittlung des Kraftbedarfs beim Abstrecken wurden Abstreckversuche an verschiedenen Werkstoffen durchgeführt. Die Messung der beim Abstrecken auftretenden Einzelkräfte ermöglichte es, die Reibungskoeffizienten am Abstreckring μ_r sowie am Stempel μ_{st} zu bestimmen. Dadurch war es möglich, genaueren Aufschluß über die Verwendbarkeit verschiedener Schmiermittel zu erhalten. Durch Messung der Abstreckkraft bei verschiedenen Winkeln und Abstreckgraden wurden die günstigsten Winkel für die einzelnen Werkstoffe bestimmt. Weitere Untersuchungen befaßten sich mit den maximalen Abstreckgraden, die ohne Bruch erreicht werden können. Versuche, die über den Einfluß verschieden großer Formänderungsgeschwindigkeiten Aufschluß geben sollten, zeigten, daß sich die Verhältnisse bei einer Erhöhung der Abstreckgeschwindigkeiten um das 5000-fache nicht wesentlich ändern. Es wurden Krafterhöhungen festgestellt, die von der Aufnahme der Fließkurven bei verschiedener Formänderungsgeschwindigkeit bekannt sind. Gleiche Untersuchungen wie beim ersten Abstreckzug wurden auch für den zweiten Abstreckzug durchgeführt. Hier ergaben sich ähnliche Verhältnisse wie beim ersten Abstreckzug. Jedoch wurde das maximale Abstreckverhältnis infolge der Verfestigung im zylindrischen Teil durch den ersten Abstreckzug geringer.

Prof. Dr.-Ing. E. S I E B E L, Stuttgart
Dr.-Ing. H. W E I S S, Stuttgart

Forschungsberichte des Wirtschafts- und Verkehrsministeriums Nordrhein-Westfalen

L i t e r a t u r v e r z e i c h n i s

1. SOMMER, M. Versuche über das Ziehen von Hohlkörpern. Forschungsarbeiten Heft 286, Berlin 1926

2. SACHS, G. Untersuchungen über Tiefziehen. Spanlose Formung der Metalle, Berlin 1931

   Mitt. Forschungsgesellschaft Blechverarbeitung 1953 Nr. 19

   Mitt. Forschungsgesellschaft Blechverarbeitung 1953 Nr. 4

   Mitt. Forschungsgesellschaft Blechverarbeitung 1954 Nr. 8

   Mitt. Forschungsgesellschaft Blechverartung 1954 Nr. 11

   WEISS, H. Dissertation (1953)

FORSCHUNGSBERICHTE DES WIRTSCHAFTS- UND VERKEHRSMINISTERIUMS NORDRHEIN-WESTFALEN

Herausgegeben von Staatssekretär Prof. Leo Brandt

Heft 1:
Prof. Dr.-Ing. Eugen Flegler, Aachen
Untersuchungen oxydischer Ferromagnet-Werkstoffe

Heft 2:
Prof. Dr. phil. Walter Fuchs, Aachen
Untersuchungen über absatzfreie Teeröle

Heft 3:
Techn.-Wissenschaftl. Büro für die Bastfaserindustrie, Bielefeld
Untersuchungsarbeiten zur Verbesserung des Leinenwebstuhls

Heft 4:
Prof. Dr. E. A. Müller u. Dipl.-Ing. H. Spitzer, Dortmund
Untersuchungen über die Hitzebelastung in Hüttenbetrieben

Heft 5:
Dipl.-Ing. Werner Fister, Aachen
Prüfstand der Turbinenuntersuchungen

Heft 6:
Prof. Dr. phil. Walter Fuchs, Aachen
Untersuchungen über die Zusammensetzung und Verwendbarkeit von Schwelteerfraktionen

Heft 7:
Prof. Dr. phil. Walter Fuchs, Aachen
Untersuchungen über emsländisches Petrolatum

Heft 8:
Maria Elisabeth Meffert und Heinz Stratmann, Essen
Algen-Großkulturen im Sommer 1951

Heft 9:
Techn.-Wissenschaftl. Büro für die Bastfaserindustrie, Bielefeld
Untersuchungen über die zweckmäßige Wicklungsart von Leinengarnkreuzspulen unter Berücksichtigung der Anwendung hoher Geschwindigkeiten des Garnes
Vorversuche für Zetteln und Schären von Leinengarnen auf Hochleistungsmaschinen

Heft 10:
Prof. Dr. Wilhelm Vogel, Köln
„Das Streifenpaar" als neues System zur mechanischen Vergrößerung kleiner Verschiebungen und seine technischen Anwendungsmöglichkeiten

Heft 11:
Laboratorium für Werkzeugmaschinen und Betriebslehre, Technische Hochschule Aachen
1. Untersuchungen über Metallbearbeitung im Fräsvorgang mit Hartmetallwerkzeugen und negativem Spanwinkel
2. Weiterentwicklung des Schleifverfahrens für die Herstellung von Präzisionswerkstücken unter Vermeidung hoher Temperaturen
3. Untersuchung von Oberflächenveredlungsverfahren zur Steigerung der Belastbarkeit hochbeanspruchter Bauteile

Heft 12:
Elektrowärme-Institut, Langenberg (Rhld.)
Induktive Erwärmung mit Netzfrequenz

Heft 13:
Techn.-Wissenschaftl. Büro für die Bastfaserindustrie, Bielefeld
Das Naßspinnen von Bastfasergarnen mit chemischen Zusätzen zum Spinnbad

Heft 14:
Forschungsstelle für Acetylen, Dortmund
Untersuchungen über Aceton als Lösungsmittel für Acetylen

Heft 15:
Wäschereiforschung Krefeld
Trocknen von Wäschestoffen

Heft 16:
Max-Planck-Institut für Kohlenforschung, Mülheim a. d. Ruhr
Arbeiten des MPI für Kohlenforschung

Heft 17:
Ingenieurbüro Herbert Stein, M. Gladbach
Untersuchung der Verzugsvorgänge in den Streckwerken verschiedener Spinnereimaschinen. 1. Bericht: Vergleichende Prüfung mit verschiedenen Dickenmeßgeräten

Heft 18:
Wäschereiforschung Krefeld
Grundlagen zur Erfassung der chemischen Schädigung beim Waschen

Heft 19:
Techn.-Wissenschaftl. Büro für die Bastfaserindustrie, Bielefeld
Die Auswirkung des Schlichtens von Leinengarnketten auf den Verarbeitungswirkungsgrad, sowie die Festigkeits- und Dehnungsverhältnisse der Garne und Gewebe

Heft 20:
Techn.-Wissenschaftl. Büro für die Bastfaserindustrie, Bielefeld
Trocknung von Leinengarnen I
Vorgang und Einwirkung auf die Garnqualität

Heft 21:
Techn.-Wissenschaftl. Büro für die Bastfaserindustrie, Bielefeld
Trocknung von Leinengarnen II
Spulenanordnung und Luftführung beim Trocknen von Kreuzspulen

Heft 22:
Techn.-Wissenschaftl. Büro für die Bastfaserindustrie, Bielefeld
Die Reparaturanfälligkeit von Webstühlen

Heft 23:
Institut für Starkstromtechnik, Aachen
Rechnerische und experimentelle Untersuchungen zur Kenntnis der Metadyne als Umformer von konstanter Spannung auf konstanten Strom

Heft 24:
Institut für Starkstromtechnik, Aachen
Vergleich verschiedener Generator-Metadyne-Schaltungen in bezug auf statisches Verhalten

Heft 25:
Gesellschaft für Kohlentechnik mbH., Dortmund-Eving
Struktur der Steinkohlen und Steinkohlen-Kokse

Heft 26:
Techn.-Wissenschaftl. Büro für die Bastfaserindustrie, Bielefeld
Vergleichende Untersuchungen zweier neuzeitlicher Ungleichmäßigkeitsprüfer für Bänder und Garne hinsichtlich Ihrer Eignung für die Bastfaserspinnerei

Heft 27:
Prof. Dr. E. Schratz, Münster
Untersuchungen zur Rentabilität des Arzneipflanzenanbaues
Römische Kamille, Anthemis nobilis L.

Heft: 28:
Prof. Dr. E. Schratz, Münster
Calendula officinalis L.
Studien zur Ernährung, Blütenfüllung und Rentabilität der Drogengewinnung

Heft 29:
Techn.-Wissenschaftl. Büro für die Bastfaserindustrie, Bielefeld
Die Ausnützung der Leinengarne in Geweben

Heft 30:
Gesellschaft für Kohlentechnik mbH., Dortmund-Eving
Kombinierte Entaschung und Verschwelung von Steinkohle; Aufarbeitung von Steinkohlenschlämmen zu verkokbarer oder verschwelbarer Kohle

Heft 31:
Dipl.-Ing. Störmann, Essen
Messung des Leistungsbedarfs von Doppelsteg-Kettenförderern

Heft 32:
Techn.-Wissenschaftl. Büro für die Bastfaserindustrie, Bielefeld
Der Einfluß der Natriumchloridbleiche auf Qualität und Verwebbarkeit von Leinengarnen und die Eigenschaften der Leinengewebe unter besonderer Berücksichtigung des Einsatzes von Schützen- und Spulenwechselautomaten in der Leinenweberei

Heft 33:
Kohlenstoffbiologische Forschungsstation e. V.
Eine Methode zur Bestimmung von Schwefeldioxyd und Schwefelwasserstoff in Rauchgasen und in der Atmosphäre

Heft 34:
Textilforschungsanstalt Krefeld
Quellungs- und Entquellungsvorgänge bei Faserstoffen

Heft 35:
Professor Dr. Wilhelm Kast, Krefeld
Feinstrukturuntersuchungen an künstlichen Zellulosefasern verschiedener Herstellungsverfahren

Heft 36:
Forschungsinstitut der feuerfesten Industrie, Bonn
Untersuchungen über die Trocknung von Rohton. Untersuchungen über die chemische Reinigung von Silika- und Schamotte-Rohstoffen mit chlorhaltigen Gasen

Heft 37:
Forschungsinstitut der feuerfesten Industrie, Bonn
Untersuchungen über den Einfluß der Probenvorbereitung auf die Kaltdruckfestigkeit feuerfester Steine

Heft 38:
Forschungsstelle für Acetylen, Dortmund
Untersuchungen über die Trocknung von Acetylen zur Herstellung von Dissousgas

Heft 39:
Forschungsgesellschaft Blechverarbeitung e. V., Düsseldorf
Untersuchungen an prägegemusterten und vorgelochten Blechen

Heft 40:
Landesgeologe Dr.-Ing. W. Wolff, Amt für Bodenforschung, Krefeld
Untersuchungen über die Anwendbarkeit geophysikalischer Verfahren zur Untersuchung von Spateisengängen im Siegerland

Heft 41:
Techn.-Wissenschaftl. Büro für die Bastfaserindustrie, Bielefeld
Untersuchungsarbeiten zur Verbesserung des Leinenwebstuhles II

Heft 42:
Professor Dr. Burckhardt Helferich, Bonn
Untersuchungen über Wirkstoffe — Fermente — in der Kartoffel und die Möglichkeit ihrer Verwendung

Heft 43:
Forschungsgesellschaft Blechverarbeitung e. V., Düsseldorf
Forschungsergebnisse über das Beizen von Blechen

Heft 44:
Arbeitsgemeinschaft für praktische Dehnungsmessung, Düsseldorf
Eigenschaften und Anwendungen von Dehnungsmeßstreifen

Heft 45:
Losenhausenwerk Düsseldorfer Maschinenbau AG., Düsseldorf
Untersuchungen von störenden Einflüssen auf die Lastgrenzenanzeige von Dauerschwingprüfmaschinen

Heft 46:
Professor Dr. phil. W. Fuchs, Aachen
Untersuchungen über die Aufbereitung von Wasser für die Dampferzeugung in Benson-Kesseln

Heft 47:
Prof. Dr.-Ing. habil. Karl Krekeler, Aachen
Versuche über die Anwendung der induktiven Erwärmung zum Sintern von hochschmelzenden Metallen sowie zur Anlegierung und Vergütung von aufgespritzten Metallschichten mit dem Grundwerkstoff.

Heft 48:
Max-Planck-Institut für Eisenforschung, Düsseldorf
Spektrochemische Analyse der Gefügebestandteile in Stählen nach ihrer Isolierung

Heft 49:
Max-Planck-Institut für Eisenforschung, Düsseldorf
Untersuchungen über Ablauf der Desoxydation und die Bildung von Einschlüssen in Stählen

Heft 50:
Max-Planck-Institut für Eisenforschung, Düsseldorf
Flammenspektralanalytische Untersuchung der Ferritzusammensetzung in Stählen

Heft 51:
Verein zur Förderung von Forschungs- und Entwicklungsarbeiten in der Werkzeugindustrie e. V., Remscheid
Untersuchungen an Kreissägeblättern für Holz, Fehler- und Spannungsprüfverfahren

Heft 52:
Forschungsstelle für Azetylen, Dortmund
Untersuchungen über den Umsatz bei der explosiblen Zersetzung von Azetylen
    a) Zersetzung von gasförmigem Azetylen,
    b) Zersetzung von an Silikagel adsorbiertem Azetylen

Heft 53:
Professor Dr.-Ing. H. Opitz, Aachen
Reibwert- und Verschleißmessungen an Kunststoffgleitführungen für Werkzeugmaschinen

Heft 54:
Professor Dr.-Ing. habil. F. A. F. Schmidt, Aachen
Schaffung von Grundlagen für die Erhöhung der spez. Leistung und Herabsetzung des spez. Brennstoffverbrauches bei Ottomotoren mit Teilbericht über Arbeiten an einem neuen Einspritzverfahren

Heft 55:
Forschungsgesellschaft Blechverarbeitung, Düsseldorf
Chemisches Glänzen von Messing und Neusilber

Heft 56:
Forschungsgesellschaft Blechverarbeitung, Düsseldorf
Untersuchungen über einige Probleme der Behandlung von Blechoberflächen

Heft 57:
Prof. Dr.-Ing. habil. F. A. F. Schmidt, Aachen
Untersuchungen zur Erforschung des Einflusses des chemischen Aufbaues des Kraftstoffes auf sein Verhalten im Motor und in Brennkammern von Gasturbinen.

Heft 58:
Gesellschaft für Kohlentechnik m. b. H., Dortmund
Herstellung und Untersuchung von Steinkohlenschwelteer.

Heft 59:
Forschungsinstitut der Feuerfest-Industrie, Bonn
Ein Schnellanalysenverfahren zur Bestimmung von Aluminiumoxyd, Eisenoxyd und Titanoxyd in feuerfestem Material mittels organischer Farbreagenzien auf photometrischem Wege
Untersuchungen des Alkali-Gehaltes feuerfester Stoffe mit dem Flammenphotometer nach Riehm-Lange

Heft 60:
Forschungsgesellschaft Blechverarbeitung e. V., Düsseldorf
Untersuchungen über das Spritzlackieren im elektrostatischen Hochspannungsfeld

Heft 61:
Verein zur Förderung von Forschungs- und Entwicklungsarbeiten in der Werkzeugindustrie e. V., Remscheid
Schwingungs- und Arbeitsverhalten von Kreissägeblättern für Holz

Heft 62:
Professor Dr. W. Franz, Institut für theoretische Physik der Universität Münster
Berechnung des elektrischen Durchschlags durch feste und flüssige Isolatoren

Heft 63:
Textilforschungsanstalt Krefeld
Neue Methoden zur Untersuchung der Wirkungsweise von Textilhilfsmitteln
Untersuchungen über Schlichtungs- und Entschlichtungsvorgänge

Heft 64:
Textilforschungsanstalt Krefeld
Die Kettenlängenverteilung von hochpolymeren Faserstoffen
Über die fraktionierte Fällung von Polyamiden

Heft 65:
Fachverband Schneidwarenindustrie, Solingen
Untersuchungen über das elektrolytische Polieren von Tafelmesserklingen aus rostfreiem Stahl

Heft 66:
Dr.-Ing. Peter Füsgen VDI †, Düsseldorf
Untersuchungen über das Auftreten des Ratterns bei selbsthemmenden Schneckengetrieben und seine Verhütung

Heft 67:
Heinrich Wösthoff o. H. G., Apparatebau, Bochum
Entwicklung einer chemisch-physikalischen Apparatur zur Bestimmung kleinster Kohlenoxyd-Konzentrationen

Heft 68:
Kohlenstoffbiologische Forschungsstation e. V., Essen
Algengroßkulturen im Sommer 1952
II. Über die unsterile Großkultur von Scenedesmus obliquus

Heft 69:
Wäschereiforschung Krefeld
Bestimmung des Faserabbaues bei Leinen unter besonderer Berücksichtigung der Leinengarnbleiche

Heft 70:
Wäschereiforschung Krefeld
Trocknen von Wäschestoffen

Heft 71:
Prof. Dr.-Ing. K. Leist, Aachen
Kleingasturbinen, insbesondere zum Fahrzeugantrieb

Heft 72:
Prof. Dr.-Ing. K. Leist, Aachen
Beitrag zur Untersuchung von stehenden geraden Turbinengittern mit Hilfe von Druckverteilungsmessungen

Heft 73:
Prof. Dr.-Ing. K. Leist, Aachen
Spannungsoptische Untersuchungen von Turbinenschaufelfüßen

Heft 74:
Max-Planck-Institut für Eisenforschung, Düsseldorf
Versuche zur Klärung des Umwandlungsverhaltens eines sonderkarbidbildenden Chromstahls

Heft 75:
Max-Planck-Institut für Eisenforschung, Düsseldorf
Zeit-Temperatur-Umwandlungs-Schaubilder als Grundlage der Wärmebehandlung der Stähle

Heft 76:
Max-Planck-Institut für Arbeitsphysiologie, Dortmund
Arbeitstechnische und arbeitsphysiologische Rationalisierung von Mauersteinen

Heft 77:
Meteor Apparatebau Paul Schmeck G. m. b. H., Siegen
Entwicklung von Leuchtstoffröhren hoher Leistung

Heft 78:
Forschungsstelle für Acetylen, Dortmund
Über die Zustandsgleichung des gasförmigen Acetylens und das Gleichgewicht Acetylen — Aceton

Heft 79:
Techn.-Wissenschaftl. Büro für die Bastfaserindustrie, Bielefeld
Trocknung von Leinengarnen III
Spinnspulen- und Spinnkopstrocknung
Vorgang und Einwirkung auf die Garnqualität

Heft 80:
Techn.-Wissenschaftl. Büro für die Bastfaserindustrie, Bielefeld
Die Verarbeitung von Leinengarn auf Webstühlen mit und ohne Oberbau

Heft 81:
Prüf- und Forschungsinstitut für Ziegeleierzeugnisse, Essen-Kray
Die Einführung des großformatigen Einheits-Gitterziegels im Lande Nordrhein-Westfalen

Heft 82:
Vereinigte Aluminium-Werke AG., Bonn
Forschungsarbeiten auf dem Gebiet der Veredelung von Aluminium-Oberflächen

Heft 83:
Prof. Dr. S. Strugger, Münster
Über die Struktur der Proplastiden

Heft 84:
Dr. med. habil., Dr. phil. H. Baron, Düsseldorf
Über Standardisierung von Wundtextilien

Heft 85:
Textilforschungsanstalt Krefeld
Physikalische Untersuchungen an Fasern, Fäden, Garnen und Geweben:
Untersuchungen am Knickscheuergerät nach Weltzien

Heft 86:
Professor Dr.-Ing. H. Opitz, Aachen
Untersuchungen über das Fräsen von Baustahl sowie über den Einfluß des Gefüges auf die Zerspanbarkeit

Heft 87:
Gemeinschaftsausschuß Verzinken, Düsseldorf
Untersuchungen über Güte von Verzinkungen

Heft 88:
Gesellschaft für Kohlentechnik mbH., Dortmund-Eving
Oxydation von Steinkohle mit Salpetersäure

Heft 89:
Verein Deutscher Ingenieure, Gleitlagerforschung, Düsseldorf und Prof. Dr.-Ing. G. Vogelpohl, Göttingen
Versuche mit Preßstoff-Lagern für Walzwerke

Heft 90:
Forschungs-Institut der Feuerfest-Industrie, Bonn
Das Verhalten von Silikasteinen im Siemens-Martin-Ofengewölbe

Heft 91:
Forschungs-Institut der Feuerfest-Industrie, Bonn
Untersuchungen des Zusammenhangs zwischen Leistung und Kohlenverbrauch von Kammeröfen zum Brennen von feuerfesten Materialien

Heft 92:
Techn.-Wissenschaftl. Büro für die Bastfaserindustrie, Bielefeld und Laboratorium für textile Meßtechnik, M.-Gladbach
Messungen von Vorgängen am Webstuhl

Heft 93:
Prof. Dr. W. Kast, Krefeld
Spinnversuche zur Strukturerfassung künstlicher Zellulosefasern

Heft 94:
Prof. Dr. phil. habil. G. Winter, Bonn
Die Heilpflanzen des MATTHIOLUS (1611) gegen Infektionen der Harnwege und Verunreinigung der Wunden bzw. zur Förderung der Wundheilung im Lichte der Antibiotikaforschung

Heft 95:
Prof. Dr. phil. habil. G. Winter, Bonn
Untersuchungen über die flüchtigen Antibiotika aus der Kapuziner- (Tropaeolum maius) und Gartenkresse (Lepidium sativum) und ihr Verhalten im menschlichen Körper bei Aufnahme von Kapuziner- bzw. Gartenkressensalat per os

Heft 96:
Dr.-Ing. P. Koch, Dortmund
Austritt von Exoelektronen aus Metalloberflächen unter Berücksichtigung der Verwendung des Effektes für die Materialprüfung

Heft 97:
Ing. H. Stein, M.-Gladbach
Laboratorium für textile Meßtechnik
Untersuchung der Verzugsvorgänge an den Streckwerken verschiedener Spinnereimaschinen
2. Bericht: Ermittlung der Haft-Gleiteigenschaften von Faserbändern und Vorgarnen

Heft 98:
Fachverband Gesenkschmieden, Hagen
Die Arbeitsgenauigkeit beim Gesenkschmieden unter Hämmern

Heft 99:
Prof. Dr.-Ing. G. Garbotz, Aachen
Der Kraft- und Arbeitsaufwand sowie die Leistungen beim Biegen von Bewehrungsstählen in Abhängigkeit von den Abmessungen, den Formen und der Güte der Stähle (Ermittlung von Leistungsrichtlinien)

Heft 100:
Prof. Dr.-Ing. H. Opitz, Aachen
Untersuchungen von elektrischen Antrieben, Steuerungen und Regelungen an Werkzeugmaschinen

Heft 101:
Prof. Dr.-Ing. H. Opitz, Aachen
Wirtschaftlichkeitsbetrachtungen beim Außenrundschleifen

Heft 102:
Dr. phil. habil. P. Hölemann, Ing. R. Hasselmann und Ing. G. Dix, Dortmund
Untersuchungen über die thermische Zündung von explosiblen Azetylenzersetzungen in Kapillaren

Heft 103:
Prof. Dr. phil. W. Weizel, Bonn
Durchführung von experimentellen Untersuchungen über den zeitlichen Ablauf von Funken in komprimierten Edelgasen sowie zu deren mathematischen Berechnung

Heft 104:
Prof. Dr. phil. W. Weizel, Bonn
Über den Einfluß der Elektroden auf die Eigenschaften von Cadmium-Sulfid-Widerstands-Photozellen

Heft 105:
Dr.-Ing. R. Meldau, Harsewinkel/Westf.
Auswertung von Gekörn – Analysen des Musterstaubes „Flugasche Fortuna I"

Heft 106:
ORR. Dr.-Ing. W. Küch, Dortmund
Untersuchungen über die Einwirkung von feuchtigkeitsgesättigter Luft auf die Festigkeit von Leimverbindungen

Heft 107:
Prof. Dr. phil. H. Lange, Köln
Über die Konstruktion von Laboratoriumsmagneten

Heft 108:
Prof. Dr. phil. W. Fuchs, Aachen
Untersuchungen über neue Beizmethoden und Beizabwässer
I. Die Entzunderung von Drähten mit Natriumhydrid
II. Die Aufbereitung von Beizabwässern

Heft 109:
Dr. phil. habil. P. Hölemann und Ing. R. Hasselmann, Dortmund
Untersuchungen über die Löslichkeit von Azetylen in verschiedenen organischen Lösungsmitteln

Heft 110:
Dr. phil. habil. P. Hölemann und Ing. R. Hasselmann, Dortmund
Untersuchungen über den Druckverlauf bei der explosiblen Zersetzung von gasförmigem Azetylen

Heft 111:
Fachverband Steinzeugindustrie, Köln
Die Entwicklung eines Gerätes zur Beschickung seitlicher Feuer von Steinzeug-Einzelkammeröfen mit festen Brennstoffen

Heft 112:
Prof. Dr.-Ing. H. Opitz, Aachen
Verschleißmessungen beim Drehen mit aktivierten Hartmetallwerkzeugen

Heft 113:
Prof. Dr. med. O. Graf, Dortmund
Erforschung der geistigen Ermüdung und nervösen Belastung: Studien über die vegetative 24-Stunden-Rhythmik in Ruhe und unter Belastung

Heft 114:
Prof. Dr. med. O. Graf, Dortmund
Studien über Fließarbeitsprobleme an einer praxisnahen Experimentieranlage

Heft 115:
Prof. Dr. med. O. Graf, Dortmund
Studium über Arbeitspausen in Betrieben bei freier und zeitgebundener Arbeit (Fließarbeit) und ihre Auswirkung auf die Leistungsfähigkeit

Heft 116:
Prof. Dr.-Ing. E. Siebel und Dr.-Ing. H. Weise, Stuttgart
Untersuchungen an einigen Problemen des Tiefziehens — I. Teil

Heft 117:
Dr.-Ing. H. Beißwänger, Stuttgart, und Dr.-Ing. S. Schwandt, Trier
Untersuchungen an einigen Problemen des Tiefziehens — II. Teil

Heft 118:
Prof. Dr. med. E. A. Müller und Dr. med. H. G. Wenzel, Dortmund
Neuartige Klima-Anlage zur Erzeugung ungleicher Luft- und Strahlungstemperaturen in einem Versuchsraum

Heft 119:
Dr.-Ing. O. Viertel, Krefeld
Wäscherei- und energietechnische Untersuchung einer Gemeinschafts-Waschanlage

Heft 120:
Dipl.-Ing. Weisbecker, Lüdenscheid
Über Anfressung an Reinstaluminium-Schweißnähten bei der elektrolytischen Oxydation
Gebr. Hörstermann GmbH., Velbert
Entwicklung und Erprobung eines neuartigen Gummibandförderers

Heft 121:
Dr. rer. nat. H. Krebs, Bonn
I. Die Struktur und die Eigenschaften der Halbmetalle
II. Die Bestimmung der Atomverteilung in amorphen Substanzen
III. Die chemische Bindung in anorganischen Festkörpern und das Entstehen metallischer Eigenschaften

Heft 122:
Prof. Dr. phil. W. Fuchs, Aachen
Untersuchungen zur Verbesserung der Wasseraufbereitung und Wasseranalyse:
Über die Schnellbewertung von Ionenaustauscher

Heft 123:
Dipl.-Ing. J. Emondts, Aachen
Über Bodenverformungen bei stark gestörtem und mächtigem, wasserführendem Deckgebirge im Aachener Steinkohlengebiet

Heft 124:
Prof. Dr. R. Seÿffert, Köln
Wege und Kosten der Distribution der Hausratwaren im Lande Nordrhein-Westfalen

Heft 125:
Prof. Dr. phil. E. Kappler, Münster
Eine neue Methode zur Bestimmung von Kondensations-Keeffizienten von Wasser

Heft 126:
Prof. Dr.-Ing. habil. J. Mathieu, Aachen
Arbeitszeitvergleich
Grundlagen, Methodik und praktische Durchführung

Heft 127:
Güteschutz Betonstein e.V.,
Arbeitskreis Nordrhein-Westfalen, Dortmund
Die Betonwaren-Gütesicherung im Lande Nordrhein-Westfalen

Heft 128:
Prof. Dr. phil. O. Schmitz-DuMont, Bonn
Untersuchungen über Reaktionen in flüssigem Ammoniak

VERÖFFENTLICHUNGEN DER ARBEITSGEMEINSCHAFT FÜR FORSCHUNG DES LANDES NORDRHEIN-WESTFALEN

Im Auftrage des Ministerpräsidenten Karl Arnold
Herausgegeben von Staatssekretär Prof. Leo Brandt

Heft 1:
Prof. Dr.-Ing. Friedrich Seewald, Technische Hochschule Aachen
Neue Entwicklungen auf dem Gebiete der Antriebsmaschinen
Prof. Dr.-Ing. Friedrich A. F. Schmidt, Technische Hochschule Aachen
Technischer Stand und Zukunftsaussichten der Verbrennungsmaschinen, insbesondere der Gasturbinen
Dr.-Ing. R. Friedrich, Siemens-Schuckert-Werke A.-G., Mülheimer Werk
Möglichkeiten und Voraussetzungen der industriellen Verwertung der Gasturbine

Heft 2:
Prof. Dr.-Ing. Wolfgang Riezler, Universität Bonn
Probleme der Kernphysik
Prof. Dr. phil. Fritz Micheel, Universität Münster,
Isotope als Forschungsmittel in der Chemie und Biochemie

Heft 3:
Prof. Dr. med. Emil Lehnartz, Universität Münster
Der Chemismus der Muskelmaschine
Prof. Dr. med. Gunther Lehmann, Direktor des Max-Planck-Instituts für Arbeitsphysiologie, Dortmund
Physiologische Forschung als Voraussetzung der Bestgestaltung der menschlichen Arbeit
Prof. Dr. Heinrich Kraut, Max-Planck-Institut für Arbeitsphysiologie, Dortmund
Ernährung und Leistungsfähigkeit

Heft 4:
Prof. Dr. Franz Wever, Max-Planck-Institut für Eisenforschung, Düsseldorf
Aufgaben der Eisenforschung
Prof. Dr.-Ing. Hermann Schenck, Technische Hochschule Aachen
Entwicklungslinien des deutschen Eisenhüttenwesens
Prof. Dr.-Ing. Max Haas, Techn. Hochschule Aachen
Wirtschaftliche und technische Bedeutung der Leichtmetalle und ihre Entwicklungsmöglichkeiten

Heft 5:
Prof. Dr. med. Walter Kikuth, Medizinische Akademie Düsseldorf
Virusforschung
Prof. Dr. Rolf Danneel, Universität Bonn
Fortschritte der Krebsforschung
Prof. Dr. med. Dr. phil. W. Schulemann, Univ. Bonn
Wirtschaftliche und organisatorische Gesichtspunkte für die Verbesserung unserer Hochschulforschung

Heft 6:
Prof. Dr. Walter Weizel, Institut für theoretische Physik, Bonn
Die gegenwärtige Situation der Grundlagenforschung in der Physik
Prof. Dr. Siegfried Strugger, Universität Münster
Das Duplikantenproblem in der Biologie
Prof. Dr. Rolf Danneel, Universität Bonn
Über das Verhalten der Mitochondrien bei der Mitose der Mesenchymzellen des Hühner-Embryos
Direktor Dr. Fritz Gummert, Ruhrgas A.-G., Essen
Überlegungen zu den Faktoren Raum und Zeit im biologischen Geschehen und Möglichkeiten einer Nutzanwendung

Heft 7:
Prof. Dr.-Ing. August Götte, Technische Hochschule Aachen
Steinkohle als Rohstoff und Energiequelle
Prof. Dr. e. h. Karl Ziegler, Max-Planck-Institut für Kohlenforschung Mülheim a. d. Ruhr
Über Arbeiten des Max-Planck-Instituts für Kohlenforschung

Heft 8:
Prof. Dr.-Ing. Wilhelm Fucks, Technische Hochschule Aachen
Die Naturwissenschaft, die Technik und der Mensch
Prof. Dr. sc. pol. Walther Hoffmann, Universität Münster
Wirtschaftliche und soziologische Probleme des technischen Fortschritts

Heft 9:
Prof. Dr.-Ing. Franz Bollenrath, Technische Hochschule Aachen
Zur Entwicklung warmfester Werkstoffe
Dr. Heinrich Kaiser, Staatl. Materialprüfungsamt Dortmund
Stand spektralanalytischer Prüfverfahren und Folgerung für deutsche Verhältnisse

Heft 10:
Prof. Dr. Hans Braun, Universität Bonn
Möglichkeiten und Grenzen der Resistenzzüchtung
Prof. Dr.-Ing. Carl Heinrich Dencker, Universität Bonn
Der Weg der Landwirtschaft von der Energieautarkie zur Fremdenergie

Heft 11:
Prof. Dr.-Ing. Herwart Opitz, Technische Hochschule Aachen
Entwicklungslinien der Fertigungstechnik in der Metallbearbeitung
Prof. Dr.-Ing. Karl Krekeler, Technische Hochschule Aachen
Stand und Aussichten der schweißtechnischen Fertigungsverfahren

Heft: 12
Dr. Hermann Rathert, Mitglied des Vorstandes der Vereinigten Glanzstoff-Fabriken A.-G., Wuppertal-Elberfeld
Entwicklung auf dem Gebiet der Chemiefaser-Herstellung
Prof. Dr. Wilhelm Weltzien, Direktor der Textilforschungsanstalt Krefeld
Rohstoff und Veredlung in der Textilwirtschaft

Heft: 13
Dr.-Ing. e. h. Karl Herz, Chefingenieur im Bundesministerium für das Post- und Fernmeldewesen Frankfurt a. Main
Die technischen Entwicklungstendenzen im elektrischen Nachrichtenwesen
Ministerialdirektor Dipl.-Ing. Leo Brandt, Düsseldorf
Navigation und Luftsicherung

Heft 14:
Prof. Dr. Burckhardt Helferich, Universität Bonn
Stand der Enzymchemie und ihre Bedeutung
Prof. Dr. med. Hugo W. Knipping, Direktor der Med. Universitätsklinik Köln
Ausschnitt aus der klinischen Carcinomforschung am Beispiel des Lungenkrebses

Heft 15:
Prof. Dr. Abraham Esau, Technische Hochschule Aachen
Die Bedeutung von Wellenimpulsverfahren in Technik und Natur
Prof. Dr.-Ing. Eugen Flegler, Technische Hochschule Aachen
Die ferromagnetischen Werkstoffe in der Elektrotechnik und ihre neueste Entwicklung

Heft 16:
Prof. Dr. rer. pol. Rudolf Seyffert, Universität Köln
Die Problematik der Distribution
Prof. Dr. rer. pol. Theodor Beste, Universität Köln
Der Leistungslohn

Heft 17:
Prof. Dr.-Ing. Friedrich Seewald, Technische Hochschule Aachen
Die Flugtechnik und ihre Bedeutung für den allgemeinen technischen Fortschritt
Prof. Dr.-Ing. Edouard Houdremont, Essen
Art und Organisation der Forschung in einem Industriekonzern

Heft 18:
Prof. Dr. med. Dr. phil. W. Schulemann, Universität Bonn
Theorie und Praxis pharmakologischer Forschung
Prof. Dr. Wilhelm Groth, Direktor des Physikalisch-Chemischen Instituts, Universität Bonn
Technische Verfahren zur Isotopentrennung

Heft 19:
Dipl.-Ing. Kurt Traenckner, Stellvertr. Vorstandsmitglied der Ruhrgas-A.G., Essen
Entwicklungstendenzen der Gaserzeugung

Heft 20:
M. Zvegintzov
Wissenschaftliche Forschung und die Auswertung ihrer Ergebnisse. Ziel und Tätigkeit der National Research Development Corporation
Dr. Alexander King, Department of Scientific & Industrial Research, London
Wissenschaft und internationale Beziehungen

Heft 21:
Prof. Dr. phil. Robert Schwarz, Aachen
Wesen und Bedeutung der Silicium-Chemie
Prof. Dr. Kurt Alder, Universität Köln
Fortschritte in der Synthese von Kohlenstoffverbindungen

Heft 21 a
Jahresfeier der Arbeitsgemeinschaft für Forschung des Landes Nordrhein-Westfalen am 21. 5. 1952 in Düsseldorf mit Ansprachen des Herrn Bundespräsidenten Professor Dr. Theodor Heuss, des Herrn Ministerpräsidenten Arnold, Frau Kultusminister Teusch, der Herren Professor Dr. Hahn, Professor Dr. Strugger, Vizepräsident Dobbert, Professor Dr. Richter, Professor Dr. Fucks.

Heft 22:
Prof. Dr. Johannes von Allesch, Universität Göttingen
Die Bedeutung der Psychologie im öffentlichen Leben
Prof. Dr. med. Otto Graf, Max-Planck-Institut für Arbeitsphysiologie, Dortmund
Triebfedern menschlicher Leistung

Heft 23:
Prof. Dr. phil. Dr. jur. h. c. Bruno Kuske, Universität Köln
Probleme der Raumforschung
Prof. Dr. Dr.-Ing. e. h. Prager
Städtebau und Landesplanung

Heft 24:
Prof. Dr. Rolf Danneel, Universität Bonn
Über die Wirkungsweise der Erbfaktoren
Prof. Dr. K. Herzog, Medizinische Akademie Düsseldorf
Bewegungsbedarf der menschlichen Gliedmaßengelenke bei der Berufsarbeit

Heft 25:
Prof. Dr. O. Haxel, Heidelberg
Energiegewinnung aus Kernprozessen
Dr. Dr. Max Wolf, Düsseldorf
Gegenwartsprobleme der energiewirtschaftlichen Forschung

Heft 26:
Prof. Dr. Friedrich Becker, Universität Bonn
Ultrakurzwellen aus dem Weltraum, ein neues Forschungsgebiet der Astronomie
Dozent Dr. H. Straßl, Bonn
Bemerkenswerte Doppelsterne und das Problem der Sternentwicklung

Heft 27:
Prof. Dr. Heinrich Behnke, Universität Münster
Der Strukturwandel der Mathematik in der ersten Hälfte des 20. Jahrhunderts
Prof. Dr. E. Sperner, Bonn
Eine mathematische Analyse der Luftdruckverteilungen in großen Gebieten

Heft 28:
Prof. Dr. O. Niemczyk, Aachen
Die Problematik gebirgsmechanischer Vorgänge im Steinkohlenbergbau
Prof. Dr. W. Ahrens, Krefeld
Die Bedeutung geologischer Forschung für die Wirtschaft, besonders in Nordrhein-Westfalen

Heft 29:
Prof. Dr. B. Rensch, Münster
Das Problem der Residuen bei Lernleistungen
Prof. Dr. H. Fink, Köln
Über Leberschäden bei der Bestimmung des biologischen Wertes verschiedener Eiweiße von Mikroorganismen

Heft 30:
Prof. Dr.-Ing. F. Seewald, Aachen
Forschungen auf dem Gebiete der Aerodynamik
Prof. Dr.-Ing. K. Leist, Aachen
Forschungen in der Gasturbinentechnik

Heft 31:
Direktor Dr. F. Mietzsch, Wuppertal
Chemie und wirtschaftliche Bedeutung der Sulfonamide
Prof. Dr. G. Domagk, Wuppertal
Die experimentellen Grundlagen der Chemotherapie der bakteriellen Infektionen

Heft 32:
Prof. Dr. Hans Braun, Universität Bonn
Die Verschleppung von Pflanzenkrankheiten und -schädlingen über die Welt
Prof. Dr. Wilhelm Rudorf, Max-Planck-Institut für Züchtungsforschung, Voldagsen
Der Beitrag von Genetik und Züchtung zur Bekämpfung von Viruskrankheiten der Nutzpflanzen

Heft 33:
Prof. Dr.-Ing. V. Aschoff, Aachen
Probleme der elektroakustischen Einkanalübertragung
Prof. Dr.-Ing. H. Döring, Aachen
Erzeugung und Verstärkung von Mikrowellen

Heft 34:
Geheimrat Prof. Dr. Rudolf Schenck, Aachen
Bedingungen und Gang der Kohlenhydratsynthese im Licht
Prof. Dr. Emil Lehnartz, Universität Münster
Die Endstufen des Stoffabbaus im Organismus

Heft 35:
Prof. Dr.-Ing. H. Schenk, Aachen
Gegenwartsprobleme der Eisenindustrie in Deutschland
Prof. Dr.-Ing. E. Piwowarsky, Aachen
Gelöste und ungelöste Probleme des Gießereiwesens

Heft 36:
Prof. Dr. W. Riezler, Bonn
Teilchenbeschleuniger
Prof. Dr. med. G. Schubert, Hamburg
Anwendung neuer Strahlenquellen in der Krebstherapie

Heft 37:
Prof. Dr. F. Lotze, Münster
Probleme der Gebirgsbildung
Bergwerksdirektor Bergassessor a. D. Rauschenbach, Essen
Die Erhaltung der Förderungskapazität des Ruhrbergbaues auf lange Sicht

Heft 38:
Dr. E. C. Cherry, D. Sc., A.M.I.E.E., London
Cybernetics
Prof. Dr. E. Pietsch, Clausthal-Zellerfeld
Dokumentation und mechanisches Gedächtnis — zur Frage der Ökonomie der geistigen Arbeit

Heft 39:
Dr. H. Haase, Hamburg
Infrarot und seine technischen Anwendungen
Prof. Dr. A. Esau, Aachen
Die Bedeutung des Ultraschalls für technische Anwendungsgebiete

Heft 40:
Bergassessor F. Lange, Bochum-Hordel
Die wissenschaftliche und soziale Bedeutung der Silikose im Bergbau
Prof. Dr. W. Kikuth, Düsseldorf
Die Entstehung der Silikose und ihre Verbreitungsmaßnahmen

Heft 40a:
Prof. Dr. E. Groß, Bonn
Berufskrebs und Krebsforschung
Prof. Dr. H. W. Knipping, Köln
Die Situation der Krebsforschung vom Standpunkt der Klinik und des praktischen Arztes

Heft 41:
Dr.-Ing. G. V. Lachmann, Teddington
An einer neuen Entwicklungsschwelle im Flugzeugbau
Dr. A. Gerber, Zürich
Stand der Entwicklung der Raketen- und Lenktechnik

Heft 42:
Prof. Dr. Theodor Kraus, Köln
Lokalisationsphänomene und Raumordnung vom Standpunkt der geographischen Wissenschaft
Direktor Dr. Fritz Gummert, Essen
Vom Ernährungsversuchsfeld der Kohlenstoffbiologischen Forschungsstation Essen (Ein 6 Jahre lang

durchgeführter Versuch, einen Menschen aus dem Ertrag von 1250 qm zu ernähren).

Heft 43:
Prof. Giovanni Lampariello, Rom
Über Leben und Werk von Heinrich Hertz
Prof. Dr. Walter Weizel, Bonn
Über das Problem der Kausalität in der Physik

Heft 44:
Prof. Dr. Burckhardt Helferich, Bonn
Über Glykoside
Prof. Dr. Fritz Micheel, Münster
Kohlenhydrat-Eiweißverbindungen und ihre biochemische Bedeutung

Heft 45:
Prof. Dr. John von Neumann, Princeton/USA
Entwicklung und Ausnutzung neuerer mathematischer Maschinen
Prof. Dr. E. Stiefel, Zürich
Rechenautomaten im Dienste der Technik mit Beispielen aus dem Züricher Institut für angewandte Mathematik

Geisteswissenschaften

Heft 1:
Prof. Dr. W. Richter, Bonn,
Die Bedeutung der Geisteswissenschaften für die Bildung unserer Zeit
Prof. Dr. J. Ritter, Münster,
Die aristotelische Lehre vom Ursprung und Sinn der Theorie

Heft 2:
Prof. Dr. J. Kroll, Köln,
Elysium
Prof. Dr. G. Jachmann, Köln,
Die vierte Ekloge Vergils

Heft 3:
Prof. Dr. H. E. Stier, Münster,
Die klassische Demokratie

Heft 4:
Prof. Dr. W. Caskel, Köln,
Lihjan und Lihjanisch. Sprache und Kultur eines früharabischen Königreiches

Heft 5:
Prof. Dr. Th. Ohm, Münster,
Stammesreligionen im südlichen Tanganyika-Territorium. — Religionswissenschaftliche Ergebnisse meiner Ostafrikareise 1951

Heft 6:
Prälat Prof. Dr. G. Schreiber, Münster,
Deutsche Wissenschaftspolitik von Bismarck bis zum Atomphysiker Otto Hahn

Heft 7:
Prof. Dr. W. Holtzmann, Bonn,
Das mittelalterliche Imperium und die werdenden Nationen

Heft 8:
Prof. Dr. W. Caskel, Köln,
Die Bedeutung der Beduinen in der Geschichte der Araber

Heft 9:
Prälat Prof. Dr. Georg Schreiber, Münster
Iroschottische Motive im abendländischen Sakralraum

Heft 10:
Prof. Dr. P. Rassow, Köln,
Forschungen zur Reichsidee im 16. und 17. Jahrhundert

Heft 11:
Prof. Dr. H. E. Stier, Münster,
Roms Aufstieg zur Weltherrschaft

Heft 12:
Prof. Dr. D. K. H. Rengstorf, Münster,
Zum Problem der Gleichberechtigung zwischen Mann und Frau auf dem Boden des Urchristentums
Prof. Dr. H. Conrad, Bonn,
Grundprobleme einer Reform des Familienrechts

Heft 13:
Professor Dr. Max Braubach, Bonn,
Der Weg zum 20. Juli 1944 — Ein Forschungsbericht

Heft 14:
Prof. Dr. Paul Hübinger, Münster
Das deutsch-französische Verhältnis und seine mittelalterlichen Grundlagen

Heft 15:
Prof. Dr. Franz Steinbach, Bonn,
Der geschichtliche Weg des wirtschaftenden Menschen in die soziale Freiheit und politische Verantwortung

Heft 16:
Prof. Dr. Josef Koch, Köln,
Die Ars coniecturalis des Nikolaus von Cues

Heft 17:
Dr. James B. Conant,
U.S.-Hochkommissar für Deutschland,
Staatsbürger und Wissenschaftler
Prof. Dr. D. Karl Heinrich Rengstorf, Münster,
Antike und Christentum

Heft 18:
Prof. Dr. Richard Alewyn, Köln,
Klopstocks Publikum

Heft 19:
Prof. Dr. Fritz Schalk, Köln,
Das Lächerliche in der französischen Literatur des Ancien Régime

Heft 20:
Prof. Dr. Ludwig Raiser, Bad Godesberg,
Präsident der Deutschen Forschungsgemeinschaft
Rechtsfragen der Mitbestimmung

Heft 21:
Prof. D. Martin Noth, Bonn,
Das Geschichtsverständnis der alttestamentlichen Apokalyptik

Heft 22:
Prof. Dr. Walter F. Schirmer, Bonn
Glück und Ende der Könige in Shakespeares Historien

Heft 23:
Prof. Dr. Günther Jachmann, Köln
Der homerische Schiffskatalog und die Ilias

Heft 24:
Prof. Dr. Theodor Klauser, Bonn
Die römischen Petrustraditionen im Lichte der neuen Ausgrabungen unter der Peterskirche

Heft 25:
Prof. Dr. Hans Peters, Köln
Der Grundsatz der Gewaltentrennung in heutiger Sicht

Heft 26:
Prof. Dr. Fritz Schalk, Köln
Calderon und die Mythologie

Heft 27:
Prof. Dr. Josef Kroll, Köln
Vom Leben Geflügelter Worte

Heft 28:
Prof. Dr. Thomas Ohm
Die Religionen in Asien

Heft 29:
Prof. Dr. Leo Weisgerber, Bonn
Die Ordnung der Sprache im persönlichen und öffentlichen Leben

Heft 30:
Prof. Dr. Werner Caskel, Köln
Entdeckungen in Arabien

Heft 31:
Prof. Dr. Max Braubach, Bonn
Entstehung und Entwicklung der landesgeschichtlichen Bestrebungen und historischen Vereine im Rheinland

Heft 32:
Prof. Dr. Fritz Schalk, Köln
Somnium und verwandte Wörter in den romanischen Sprachen

MIX
Papier aus verantwortungsvollen Quellen
Paper from responsible sources
FSC® C105338

If you have any concerns about our products,
you can contact us on
ProductSafety@springernature.com

In case Publisher is established outside the EU,
the EU authorized representative is:
**Springer Nature Customer Service Center GmbH
Europaplatz 3, 69115 Heidelberg, Germany**

Printed by Libri Plureos GmbH
in Hamburg, Germany